我創業，我獨角 no.6

#精實創業全紀錄 #商業模式全攻略 ───○

UNI ORN Startup

關於獨角 ●●●●

獨角文化是全台灣第一個以群眾預購力量，專訪紀錄創業故事結成冊出版共享平台。

我們深信每一位創業家都是自己品牌的主角，有更多的創業故事與夢想值得被看見。

獨角文化為創業發聲，我們從採訪、攝影、撰文、印刷到行銷通路皆不收取任何費用。

你可以透過預購書方式化為支持這些創業故事，你的名與留言也會一起紀錄在本書中。

「我創業，我獨角」你就是品牌最佳代言人

——— 羅芷羚 Bella Luo

獨角傳媒，對我們來說，它是一個創業者幫助創業者實現夢想的平台！在經營商務中心的過程中，我們常常接觸到許多創業者，其中不乏希望分享自己的品牌／理念／創業故事的企業主，可惜在這個競爭激烈的時代下，並不是每家企業起初創業就馬上做到穩定百萬營收或是一炮而紅成為媒體爭相報導的對象，大部分的業主常常都是默默地在做自己認為對的事情，直到 5 年後、甚至 10 年後，等到企業成功才會被人們看見。在這樣的大環境下，我們發現很少有人願意主動去採訪這些艱辛的創業者們，許多值得被記錄成冊、壯聲頌讚的珍貴故事便這樣埋沒於洪流下，為將這些寶藏帶至世界各地，獨角傳媒在 2020 年春天誕生了！

「每一個人的背後都有一段不為人知的故事」
品牌身處萌芽期之際，多數人看見的是商品，但獨角傳媒想挖掘、深究的是創造商品價值的創辦人們。這些故事有些是創辦人們堅持的動力來源，亦或夾帶超乎預期的重大使命感，令我們備感意外的是，透過創作本書的路程中，我們發現許多人只是單純地為了生存而在這片滿是泥濘的創業路上拼搏奮鬥。
因此我們要做的不單只是美化、包裝企業體藉此提高商品銷售量，我們要做得更多！透過記錄每一位創業家的心路歷程，讓他們獨一無二的故事可以被看見，幫助讀者在這些故事除了商品的「WHAT」，也瞭解它背後的「WHY」！

許多人會有這樣的迷思：「創業當老闆好好喔，可以作自己想作的事，工作時間又彈性，我也要創業。」然而真的創業之後，你會發現你的時間不再是你的時間，當員工一天是 8 小時上下班，創業則是 24 小時待命；員工只要按部就班每個月薪水就會轉進戶頭，創業則是你睜開眼就在燒錢，每天忙得焦頭爛額就為找錢、找人、找資源。讀完這本書後你會發現：創業真的沒有想像中那麼美好。

看到這裡，也許你會問我：「那還要創業嗎？採訪出書還要繼續嗎？」

我的答案是：「YES! ABSOLUTELY YES!」

大家知道嗎？目前主流媒體、報章雜誌，或是出版刊物中所看到的企業主其實只佔了台灣總企業體的 2%，台灣真正的主事業體其實是中小企業，佔比高達 98%！（註）；大型企業及上市櫃公司由於事業體龐大，自然而然地便成為公眾鎂光燈下的焦點，在這樣的趨勢下，我們所想的是：「那，誰來看見中小企業呢？」

當星系裡的恆星光芒太過強大時，其他星星自然相對顯得黯淡失色，然而沒有這些滿佈夜辰的星星，銀河系又怎麼會如此浩瀚、閃亮？

獨角傳媒抱著讓大家看見星河裡微光（中小企業主）的理念出發，希望給大家一個全新的視角環顧世界。

不可否認的是，初期我們遇到相當多的挫折跟挑戰，但因為有想做的事情，有想幫助創業者的這份信念，所以儘管是摸著石頭過河，我們仍會堅持走對的路，直到成功渡過腳下湍急的暗流。

如果有讀者認為讀了這本書後便能一「頁」致富，那你現在就可以闔上這本書；獨角在這本書想做到的是透過 50 個精實成功創業者的真實故事，讓大家意識到所謂的困難其實有路可循，過不去的坎也沒有這多，我們希望這些創業故事能成為祝福他人的寶典！

序文

「我創業，我獨角」它可以是你的創業工具書，又或者是你親近創業真實面向的第一步，更讓你有機會搖身一變成為自有品牌最佳代言人，改變就從現在開始！

獨角傳媒，未來會成為一個什麼樣的品牌呢？我們相信它是目前全台第一個擁有最多企業專訪的媒體平台，當然未來亦會持續增加；除此之外，我們亦朝著社會企業的方向邁進，獨角傳媒近來與國外環保團體合作，推出名為「ONE BOOK ONE TREE 一書一樹」的公益計畫，只要讀者以預購方式支持書籍，一個預購，我們就會在地球種一棵樹，保護我們所處的星球在文明高度發展的情況下仍保有盎然、鮮明的活力。

另外，我們亦將定期舉辦「UBC 獨角聚」—— ——一個 B TO B 的企業家商務俱樂部，獨角傳媒想打造出一個創業生態系，讓企業之間產生更多的連結、交流與合作契機，不再只是單打獨鬥埋頭苦幹！未來，我們相信這個平台將持續成長茁壯，也期待有更多被採訪創業故事的台灣創業家，終能走向國際舞台，成為世界級的獨角獸公司以榮耀他們自己的創業品牌，有幸參與此過程的獨角傳媒真的備感榮焉！

最後，我要感謝每一位受訪的創業家，謝謝你們傾力讓世界變得更美好。
值此付梓之際，我謹向你們以及所有關心支持本書編寫的朋友們致以衷心的謝忱！

將一切榮耀歸給主，阿門！

Bella Luo

（註）
根據《2019 年中小企業白皮書》發布資料顯示，
2018 年臺灣中小企業家數爲 146 萬 6,209 家，
占全體企業 97.64%，
較 2017 年增加 1.99%；中小企業就業人數達
896 萬 5 千人，占全國就業人數 78.41%，較
2017 年增加 0.69%，兩者皆創下近年來最高紀
錄，顯示中小企業不僅穩定成長，更爲我國經濟
發展及創造就業賦予關鍵動能。

「這是最好的時代，也是最壞的時代」
期待在創業路上剛好遇見你

—— 廖俊愷 Andy Liao

本書收錄超過 50 家企業品牌組織的創業故事，每個故事都是精實的。不管你是正在創業或是準備創業，相信都能發現你並不孤獨，也許你也會在這當中找到你自己創業靈感。

故事的內容總是感性的，但眞實的商業世界卻常常給我們狠狠的上了幾堂課，世界變動的速度太快，計畫永遠趕不上變化，透過 50 家企業品牌的商業模式圖，讓你直觀全局，所以在你也開始想寫一份 50 頁的商業計畫書前，也爲你自己的計劃先畫上一頁式的商業模式圖，並隨時檢視、調整、更新你的商業模式。

本書將每個故事分爲 # 創業故事 # 商業模式 # 創業 Q ＆ A # 影音專訪四大模組，你可以照著順序來看這本書，你也可以隨意挑選引發你興趣的行業來看，你甚至可以以每星期爲一個周期，週一看一則故事，週二～週四蒐集相關的行業資訊，在週五下班邀請你的潛在合作夥伴一起聚餐，用餐巾紙畫出你們看見的商業模式。

最後用狄更斯《雙城記》做爲結尾，「這是最好的時代，也是最壞的時代」。但是，無論身處怎樣的時代，總會有一批人脫穎而出，對於他們而言，時代是怎樣的他們不管，他們只管努力奮鬥，最終成爲時代的主流。

期待在創業的路上遇見你。

Andy Liao

Business Story
業故事

 Business Model Canvas
業模式

 **Business Question & Answer**
業 Q & A

 Video Interview
音專訪

1. 創業動機與過程甘苦
2. 經營理念及產業介紹
3. 未來期許與發展潛力

以九宮格直觀呈現出商業模式圖,讓你可以同樣站在與創辦人相同的高度綜觀全局。

透過 Q & A 的問答,了解商業經營的關鍵和方式。

如果你對文字紀錄還意猶未盡可以拿起手機掃描,也許創辦人的影音訪談內容能讓你找到更多可能性。

精實創業 人人都是創業家

精實創業運動追求的是，提供那些渴望創造劃時代產品的人，一套足以改變世界的工具。
—— ——《精實創業：用小實驗玩出大事業》The Lean Startup 艾瑞克‧萊斯 Eric Rice

精實創業是一種發展商業模式與開發產品的方法，由艾瑞克‧萊斯在 2011 年首次提出。根據艾瑞克．萊斯之前在數個美國新創公司的工作經驗，他認為新創團隊可以藉由整合「以實驗驗證商業假設」以及他所提出的最小可行產品 (Minimum viable product, 簡稱 MVP)、「快速更新、疊代產品」（軸轉 Pivot）及「驗證式學習」(Validated Learning)，來縮短他們的產品開發週期。

艾瑞克‧萊斯認為，初創企業如果願意投資時間於快速更新產品與服務，以提供給早期使用者試用，那他們便能減少市場的風險。
避免早期計畫所需的大量資金、昂貴的產品上架與失敗。
—— ——維基百科，自由的百科全書

你正在創業或是想要創業嗎？

☐ Yes　☐ No

你總是在創造客戶價值，或是優化你的服務？

☐ Yes　☐ No

你試著探索創新的商業模式來影響改變這個世界？

☐ Yes　☐ No

如果你對上述問題的回答是"YES"，歡迎加入我創業我獨角！
你手上的這本書是寫給夢想家、實踐家，以及精實創業家，
這是一本寫給創業世代的書。

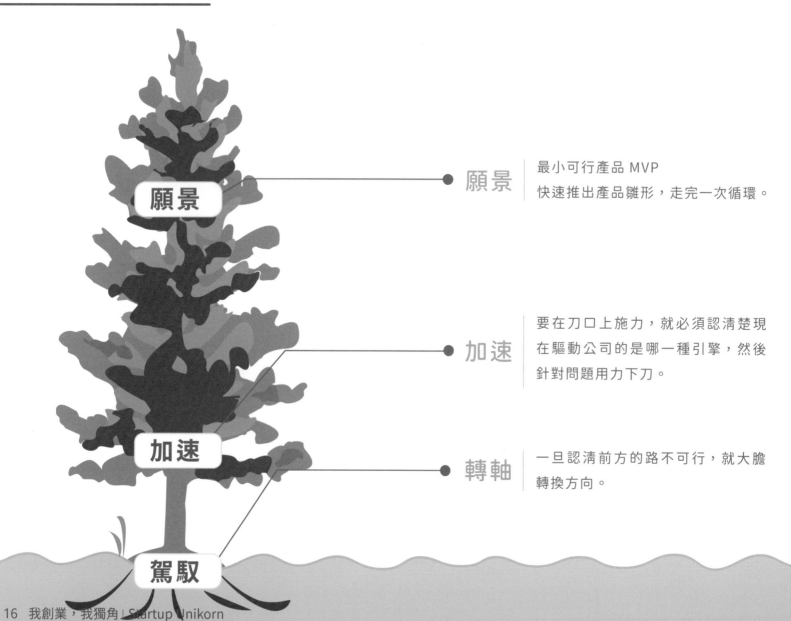

願景

加速

轉軸

願景
最小可行產品 MVP
快速推出產品雛形，走完一次循環。

加速
要在刀口上施力，就必須認清楚現
在驅動公司的是哪一種引擎，然後
針對問題用力下刀。

轉軸
一旦認清前方的路不可行，就大膽
轉換方向。

駕馭

| 駕馭 | 加速 | 願景 |

3 個成長引擎

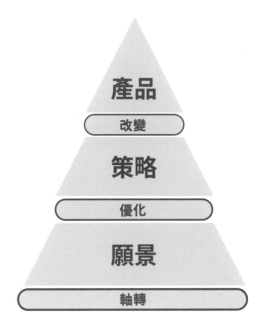

關鍵合作

誰是我們的主要合作夥伴？ 誰是我們的主要供應商？我們從合作夥伴那裡獲取哪些關鍵資源？合作夥伴執行哪些關鍵活動？

夥伴關係的動機：優化和經濟，減少風險和不確定性，獲取特定資源和活動。

關鍵服務

我們的價值主張需要哪些關鍵活動？我們的分銷管道？ 客戶關係？收入流？

類別：生產、問題解決、平臺／網路。

核心資源

我們的價值主張需要哪些關鍵資源？我們的分銷管道？客戶關係收入流？資源類型：物理、智力（品牌專利、版權、數據）、人力、財務。

價值主張

我們為客戶提供什麼價值？我們幫助解決客戶的哪些問題？我們向每個客戶群提供哪些產品和服務？我們滿足哪些客戶需求？特徵：創新、性能、定製、" 完成工作 "、設計、品牌／狀態、價格、降低成本、降低風險、可訪問性、便利性／可用性。

顧客關係

我們的每個客戶部門都期望我們與他們建立和維護什麼樣的關係？我們建立了哪些？ 他們如何與我們的其他業務模式集成？它們有多貴？

渠道通路

客戶群體

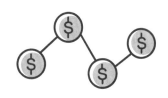

成本結構

收益來源

我們的客戶細分希望通過哪些管道到達？我們現在怎麼聯繫到他們？我們的管道是如何集成的？哪些工作最有效？哪些最經濟高效？我們如何將它們與客戶例程集成？

我們為誰創造價值？誰是我們最重要的客戶？我們的客戶基礎是大眾市場、尼奇市場、細分、多元化、多面平臺。

我們的商業模式中固有的最重要的成本是什麼？哪些關鍵資源最貴？哪些關鍵活動最貴？您的業務更多：成本驅動（最精簡的成本結構、低價格價值主張、最大的自動化、廣泛的外包）'價值驅動（專注於價值創造、高級價值主張）。樣本特徵：固定成本（工資、租金、水電費）、可變成本、規模經濟、範圍經濟。

我們的客戶真正願意支付什麼價值？他們目前支付什麼？他們目前如何支付？他們寧願怎麼付錢？每個收入流對整體收入貢獻是多少？類型：資產銷售、使用費、訂閱費、貸款／租賃／租賃、許可、經紀費、廣告修復定價：標價、產品功能相關、客戶群依賴、數量依賴性價格：談判（議價）、收益管理、實時市場。

商業模式圖

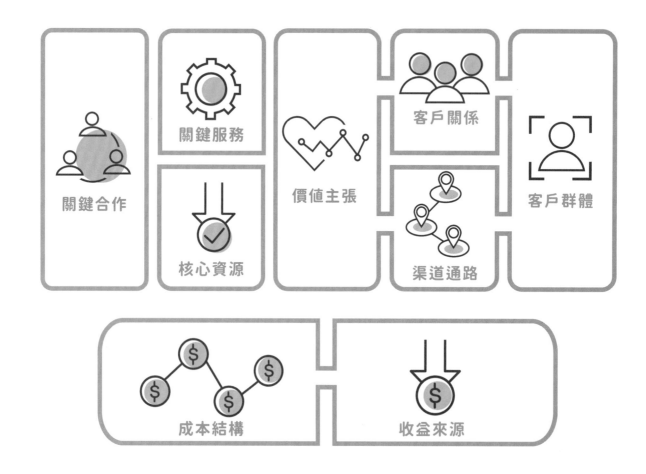

關鍵合作　關鍵服務　核心資源　價值主張　客戶關係　渠道通路　客戶群體　成本結構　收益來源

99% 的商業模式都有人想過，
差異是每天進步 1% 的檢視驗證調整

 爲誰提供
客戶區隔

 **提供什麼**
價值主張

 如何提供
通路通道
（客戶關係）

 如何賺錢
收入來源
（核心價值、關鍵活動、
主要夥伴、成本結構）

商業模式圖是用於開發新的或記錄現有商業模式的戰略管理和精實創業模板。這是一個直觀的圖表，其中包含描述公司或產品的價值主張，基礎設施，客戶和財務狀況的元素。它通過說明潛在的權衡來幫助公司調整其業務。

商業模型設計模板的九個"構建模塊"後來被稱為商業模式（圖）是由亞歷山大，奧斯特瓦爾德 (Alexander Osterwalder) 於 2005 年提出的。

——維基百科，自由的百科全書

創業 TIP
1. 幫助企業主本身再次檢視釐清整體商業模式。 2. 幫助商業夥伴快速了解企業前瞻與合作可能。
3. 幫助一般讀者全面宏觀學習企業經營之價值。

Chapter 1

Chapter 1 目錄

獨角傳媒

羅芷羚 Bella
總監暨共同創辦人

你的創業故事值得被看見，為你紀錄逐夢背後的酸甜苦辣──獨角傳媒

每位創業家都是自己品牌的主角，創業故事與夢想值得被看見，獨角力邀各產業代表，以第三人視角專訪記錄各個創業家的奮鬥史，定期舉辦商務聚會，以串聯企業間的交流合作，成為最大創業夢想實現的平台。

看見需求，運用現有資源切出品牌

獨角傳媒的總監暨共同創辦人羅芷羚（Bella）原是經營共享辦公的商務中心─享時空間，空間選址於台中市七期的黃金地段，因此接觸到許多企業主及創業者，發現到他們其實十分希望將自家的商品特色或服務特質推廣給更多人認識，但在草創時期，除了優化產品、研發新品，還要兼顧人才培育及品牌行銷，每個面向都必須付出極大的心力，看在同是身為創業家的 Bella 總監眼裡，她開始思索是否能運用現有的空間資源來幫助這些企業，進而發掘他們的潛在客戶或廠商。原本經營商業空間的 Bella 總監已有穩定的進駐企業主資源，她從採訪進駐客戶開始，在粉絲團藉由文章及媒體幫助客戶曝光，並逐漸吸引許多同樣身為企業主的朋友前來詢問，Bella 總監也發現到確實有許多企業主有此需求，2020年的春天，Bella 總監便正式成立「獨角傳媒」的品牌。

有感於森林大火，
在出版計畫中導入環保議題

現今閱聽者多從電視新聞或週刊報導可以看見知名的大型企業的訪談，不過許多小型企業、或尚處於草創期的新創企業卻不見得能有媒體曝光的機會，Bella 總監認為，每一位創業者的故事都是精彩且難能可貴的，不論是何種產業，媒體的曝光不應只是大企業才有的權利，這也是獨角傳媒的成立宗旨──採訪各個企業主的創業故事，不論是白手起家的初次創業者、抑或二代接班者，甚至是經營二、三十年的傳統老店，啟業的動念都意義非凡，若是能透過專訪讓品牌故事更廣為人知，不僅是美好且具有紀念的，亦可以

1. & 3. 獨角聚暨新書發表會：頒發創業之星獎盃　2. 獨角聚暨新書發表會：企業主上台分享創業故事
4. 獨角聚暨新書發表會：企業主互相交流、彼此分享　5. UBC 獨角聚創業生態圈
6. 一書一樹植樹證明　7. NEXT TAIWAN STARTUP LOGO

讓原有的忠實粉絲或顧客更熟悉品牌背後的價值及創業的初心，更是挖掘潛在客戶的渠道之一。Bella 總監的創業契機其實很純粹，就是希望讓更多企業的品牌故事可以在市場中曝光，每期精選五十家企業邀約合輯出版，並透過這樣的機會頒予企業主「一書一樹」的公益獎盃，而有此發想是由於 2019 年至 2020 年間，一場長達五個多月、震懾全球的澳洲森林大火，這則發人省思的新聞讓 Bella 總監決定與「One Tree Planted」合作—企業主僅須購買書籍，就能以他的名字在地球上種一棵樹，希望作為文化出版方、能導入環保的議題，讓企業主在參與出版計畫的同 時，也能落實公益、為地球盡一份心力。

不僅出版書籍，
更與時俱進、多管齊下

我們的專訪總是免費，你只需要購書來支持我們就可以」是獨角傳媒的核心理念，本著「每個創業者的故事都是美好且值得曝光」的信念，免費讓企業主接受專訪，雖然這樣的標語讓對於獨角傳媒這個品牌還不夠熟悉的企業主心存疑慮，不過這樣的挑戰反倒讓 Bella 總監更能發現許多企業主其實不滿足於專訪的曝光，因此獨角傳媒也與時俱進延伸了 Podcast 及網路行銷等的方案服務；書籍除了上架到全台各書局，也會被收藏在國家圖書館裡，Podcast 及 Youtube 也能讓將專訪內容推廣至海外，Bella 總監笑言：「未來

當人家父母或祖父母的時候，還能帶著孫子們到圖書館一邊看書、一邊話當年！」這亦是她常對企業主說的玩笑話，足見 Bella 總監與客戶真切且親和的相處，她認為出書不僅是值得驕傲與紀念的事，也是讓客戶看見團隊堅持不懈地對於這件美好的事物付出，更重要的是，能透過最適合企業主的管道，將彼此的合作效益發揮到最大。除此之外，獨角傳媒更乘勝追擊打造全新品牌—「NEXT TAIWAN STARTUP」。

獨角傳媒創造「三贏」局勢

並積極推動數位轉型、啟動「線上企業專訪主播募集計畫」，預計各縣市招募五至八位、全台共百位主播共襄盛舉，透過培訓各地主播進行線上企業專訪，專訪不受地區侷限、觸角更能延伸至各城市，在疫情時期也不間斷地讓更多創業故事有線上曝光的機會，同時也讓主播多一份斜槓收入，共同創造「三贏」局勢。

攜手同業結盟合作、持續成長茁壯

Bella 總監說到：「我覺得創業真的不是一般人能做的事情，是要付出非常多心力的，時間都不是自己的。」身為公司的帶領者，在員工下班後仍要費心去思考如何讓團隊更成長、讓內部方案順利運行、公司未來拓展性等等一切的大小事，但背負的使命感讓她奮不顧身勇敢闖蕩，縱然起初不免伴隨著誤解與質疑的聲浪，但目前已累積專訪超過千位企業主，這對獨角傳媒而言無疑是偌大的肯定。

而隨著近幾年台灣的新創產業蓬勃發展、企業輩出，每年都有數以百計的年輕人踏上創業一途，創業者間互相關注及照應是十分重要的；因此獨角傳媒從第一本書開始便有舉辦「商務聚會—獨角聚」！在活動中串連企業之間媒合，也為新創業者建立人脈與資源、找尋合作夥伴或廠商，獨角傳媒與享時空間更攜手全台創業場域一同打造「UBC 獨角聚創業生態圈」，囊括台北和仕聯合商務空間、桃園紅點商務中心、台中皇家商務中心、台中七期享時空間商務中心、台南公園大道商務共享中心及高雄晶采共享辦公室皆受邀參與其中，讓企業之間產生更多的連結、交流與合作契機，不再只是單打獨鬥埋頭苦幹！

Bella 總監說道，關於未來的藍圖團隊布局得很扎實，她目標明確、腳步堅定，她也相信獨角傳媒這個平台將持續成長茁壯，也期待有更多合作的創業家終能走向國際舞台，成為世界級的獨角獸公司。

重要合作

- 享時空間
- 閻維浩律師事務所
- One Tree Planted
- 印刷廠
- 經銷商
- 書局

關鍵服務

- 《我創業，我獨角》系列叢書
- 網路行銷
- 影音上架服務

價值主張

- 共享出版，以客觀的第三方視角紀錄精實的台灣品牌創業故事、九宮格商業模式圖，以精準的眼光看見每個品牌的獲利模式，讓讀者同步體會台灣各個角落、大大小小品牌的感動。

客戶關係

- 共同協助
- 異業合作

客戶群體

- 企業主
- 工作室
- 各式商家
- 個人品牌
- 新創企業
- 傳統產業
- 二代接班企業

核心資源

- 創業專訪拍攝
- 創業故事收錄出版
- 獨角聚商務聚會

渠道通道

- 實體空間
- 官方網站、媒體報導
- Facebook
- Instagram

成本結構

- 人事成本
- 營運成本
- 印刷成本
- 活動費用

收益來源

- 服務費用
- 產品售出費用

TIP

※ 看見需求，運用現有資源切出品牌
※ 有感於森林大火，在出版計畫中導入環保議題
※ 不僅出版書籍，更與時俱進、多管齊下

創業 Q&A

1. 生產與作業管理

在過去專訪 1000 多家企業主的故事中，不免會有企業主認為獨角傳媒應該要提供數據或是提案！但是我們在做的是企業專訪故事，並不是一間行銷公關公司，我們是一間素材的產生者，更是讓創業者的故事有機會可以收錄在書籍裡，不僅台灣還有曝光到海外市場！我們認為，只要你是創作者、個人工作室、連鎖品牌、百年老店 ... 都可以來報名獨角傳媒的專訪，讓自己的品牌故事可以被看見！

2. 生產與作業管理

「我們專訪總是免費，你只需要購書來支持我們。」我們每一季會遴選 200 家企業主，來接受獨角傳媒的專訪，並主動邀請 50 家企業主收錄在我們的書籍中集結成冊！獨角期待當企業主 來接受專訪的時候·可以有別於過往企業只單單曝光自家的商品跟服務，更多的是讓自己的 品牌故事成為核心的一環！讓更多粉絲們可以更認識企業的創業心路歷程，進而的愛上自己用 心經營的企業品牌！

3. 人力資源管理

獨角傳媒未來期待可以在北部跟南部拓點，為了當地企業主專訪的便捷性，我們相信創業的起心動念是一間公司的核心價值，更相信透過跟獨角傳媒的合作，可以讓創業者不僅是單打獨鬥，更是在這個世代的群體戰！一起讓品牌揚名國際！！

我獨
創角
業，
UNI KORN
UNI KORN
UNI KORN
UNI KORN

獨角傳媒

SCAN ME

▸LIVE

電話：04-3707-7353
網址：unikorn.cc/
台中市西屯區市政路 402 號 5 樓之 6

李淳暐 Lee po wei
總監

水設室內設計

設計因自然而純粹，人因自然而舒心 - 水設室內設計

「水設室內設計」於 2009 年由創辦人 - 李淳暐設計總監成立。以「家也可以很自然」為核心理念，使用無毒、天然、環保建材原料，致力打造舒適又安全健康的空間。或許是受木雕刻家父親的影響，優質原木是「水設」打造空間的核心元素，珍貴的木頭歷久不衰，能長年使用又環保；溫潤的質地、散發的天然香氣，整個空間彷彿都呼吸了起來，住在家裡就如同與森林為伍，回到家就如同回歸大自然擁抱。「水設」讓空間不再是工整冰冷的稜角，而是有溫度的溫馨舒心環境。

人與空間共存，攜手守護環境

李淳暐設計總監的父親是名知名木雕刻家，木材的質地、氣味豐富了李總監的兒時記憶。李總監想起記憶裡父親雕刻的模樣，台灣檜木所製成的作品經過十年還是完好如初，甚至仍然散發淡淡香氣。於是當成立「水設室內空間設計」時，李總監就決心將珍貴的木材融合於空間為主打設計，並以「環保、永續、自然」為核心理念，用天然、無毒建材打造「舒心」又會「呼吸」的家園。目前「水設」在台灣擁有五家分店，在海外擁有兩個據點，期盼未來設立更多駐點店面，以服務各地區客戶，也將「自然」、「人與空間共存」的環保理念，傳播、分享給社會大眾，攜手守護環境、讓家園永續發展。

節能減碳、永續環保

「環保、永續、自然」是「水設室內設計」的核心理念。代理德國知名「無毒之家」系統家具，建材通過低甲醛測試，無異味、完全純天然確保不會揮發對人體有害物質、降低嬰幼童敏感機率。「水設室內設計」不只是打造舒適空間，也顧及客戶的安全與健康。主打使用環保板材即使淘汰後掩埋在土壤，三個月內就能自然分解，守護環境不受污染。「環保」另一概念是減少二氧化碳排放量，李總監表示，「水設」致力降低施工量來達到減少空氣污染、垃圾排放，並推崇使用環保型、快速結構配置的系統傢俱，這一類型的歐規傢俱只要三到五天就能完工，達到改善過去傳統木工裝修時間長所造成的汙染量。「設計」方面則盡力利用天然條件達到空間使用需求，「降噪」、「省電」設備是基本原則，「採光」需求利用自然光線打入室內，白天不使用燈具同時享受自然光。陽光照射不到、較為潮濕的空間，放置木頭就能除濕還能散發芬多精；，設置風力發電，納入季節風向考量減少用電成本，打造「節能減碳」、「永續環保」的天然家園。

取之於社會，用之於社會

李總監表示，創業最關鍵的信念就是不要放棄，即使遇到困難挫折也要持之以恆。支持李總監努力前進的動力來自客戶的反饋，最大成就感來源則是有餘力回饋社會。曾經接過一個案子，案主是名老伯，想為孫子打造舒適的成長空間。李總監到案場丈量發覺現場沒有電力，老伯的預算也有限。李總監運用有限資源將空間功能發揮極大化，盡力滿足客戶的需求。最後，老伯看見新居落成滿是欣喜，李總監心裡也滿滿的感動與成就感。這次的案件讓李總監感到：社會有許多看不到的角落需要協助與關懷，「取之於社會，用之於社會」，李總監表示「水設」今日有能力也是來自社會大眾的支持，期望透過每年定期舉辦的公益活動，協助清寒學子，孩子長大後能延續這份關愛回饋社會。每每看見客戶滿意的神情，以及帶著「水設」團隊為社會貢獻心力，心裡就會有股暖流，這份能量是李總監創業的信念，也是源源不絕動力的來源。

累積實力、儲蓄資金

對於「水設」的經營目標，除了擴大新竹創始店的門面，未來也會將據點延伸至台北、桃園，讓更多地區民眾能就近諮詢、認識「水設」，目前已在台南永康設立門市，服務南部民眾，做好售後修繕服務。每年的公益活動也會繼續堅持下去，這是長期不變的目標。未來則是尋找既環保又能降低成本的建材、材料，減輕業主負擔，自從經歷全球疫情肆虐，所有原物料無一不上漲，如能找出成本問題的解法，將對市場造成開創性影響，打造雙贏局面。最後，李總監分享自身對於創業的感悟，創立事業不是件容易的事，找出夢想的初衷，這份信念將是你排除萬難的動力。也建議創業前先在自己的創業領域學習磨練，累積實力也儲蓄資金，同時觀測市場脈動，預測未來五到十年的需求，時時檢視自身專業度是否符合世界變化。累積一定的專業度以後，也要確保資金是否能充足運用，店面一開張，花費就無時無刻在進行。最後李總監勉勵年輕人，實力與資金準備好了，就勇敢的為自己的夢想踏出創業的腳步吧！

水設室內設計｜商業模式圖

 **重要合作**

· 外聘攝影師

 關鍵服務

· 代理德國知名「無毒之家」系統家具，建材通過低甲醛測試

 **價值主張**

· 以「家也可以很自然」為核心理念，使用無毒、天然、環保建材原料，致力打造舒適又安全健康的空間。

客戶關係

· B2B、B2C

 客戶群體

· 任何有空間設計需求之客戶

核心資源

· 室內設計專業
· 系統家具市場的經驗
· 木材加工工廠

渠道通道

· 實體空間
· 官方網站
· 媒體報導
· Line@

成本結構

· 裝修建材
· 設計人力
· 耗材
· 工程費用

收益來源

· 案件收入

TIP

※ 攜手守護環境、讓家園永續發展。
※ 取之於社會，用之於社會。

創業 Q&A

1. 生產與作業管理

系統傢俱的演變與應用越來越豐富，水設室內設計股份有限公司累積近十年的設計經驗，系統傢俱也成了水設室內設計的優勢，除了強調最基本的收納規劃，我們也將板材延伸至壁面裝飾、裝置藝術、多功能傢俱等設計巧思，除了滿足每個空間的需求，更為生活添加了活潑趣味。 我們將自然概念延伸至建材挑選，嚴選德國無毒環保板材，原料採用高硬度針葉木，經過高溫煮沸除蟲害後塑合而成，板材完全純天然不危害人體等揮發物質，徹底實落【無毒之家】的理念，而淘汰的板材掩埋土壤中三個月即可自然分解，保護自然環境不受汙染，這是我們揀選建材的堅持，也是我們對環境的守護。 透過天然原木與環保板材的結合，巧妙地融入各樣的風格，加上以人為出發的設計，讓空間隨心所欲不受侷限，生動展演生活中的每個細節，也不失家最重要的實用性。用自然打造心所嚮往的家，讓您享受身心靈的饗宴，這是設計的態度，也是我們的理念。

2. 人力資源管理

未來一年內，對團隊的規模有何計畫？
將拓展海外公司業務，展開國外市場。

3. 研究發展管理

如何讓市場瞭解你們？
透過網路廣告及行銷平台媒合。

我獨角，創業
UNIKORN
UNI ORN
UNI ORN
UNI ORN

水設室內設計

SCAN ME

• LIVE ▶

官網：水設室內設計
電話：03-6568163
新竹縣竹北市縣政 19 街 43 巷 4 號

MEJ

鄭閔馨 Candy Cheng
執行長

轉動一台有靈魂的洗衣機—美衣潔綠能智慧洗衣設備

鄭閔馨，美衣潔綠能智慧洗衣設備執行長，同時也是 FAGOR 台灣亞洲獨家總代理。接手家族經營 20 多年的洗衣設備事業，鄭閔馨執行長認為，智能洗衣設備是一台「有靈魂的機器」，放入舊的衣服，新的會出來！更透過組織人才，建構完善配套措施，為一台台看似冷冰冰的洗衣機，注入更多智慧的靈魂。

看見契機，學習並專注發展自己的事業

鄭閔馨執行長在中國求學期間，觀察中國消費者幾乎用一台手機搞定所有消費，如此科技化且便利的消費型態，讓鄭閔馨執行長看見互聯網及雲端系統—新的商業模式，也是美衣潔的發展契機。

因此，鄭閔馨執行長開始組織人才，招募軟體及電路設備的專業人才，以遠端控制、多元化支付系統為品牌經營目標，而現在美衣潔擁有專屬工程師與維修技師，給予客戶最即時的協助。當然，美衣潔也持續更新優化系統，更在 2021 年取得 FAGOR 台灣亞洲獨家總代理，將為智慧化系統注入更大助力。

美衣潔從老闆到員工，從機器到系統，通通都擁有靈魂

鄭閔馨執行長說：我們不「管理」而是「經營」與員工的關係，開放式企業文化讓員工擁有發揮空間，自發性提出「今年想達成目標」、「想要挑戰什麼」，讓每一位員工成為獨立思考的個體，而非一個指定一個動作的機器。

就像鄭閔馨執行長一直強調：為洗衣設備注入靈魂、讓員工擁有靈魂，就是美衣潔與其他品牌更有優勢的不同之處—因為擁有靈魂，會觀察會狀況調整最適合解決方案；因為擁有靈魂，會思考與不斷進步。

沒有價格才是最大的價值

面對合作夥伴的提問，鄭閔馨執行長時常收到一為什麼美衣潔不收加盟金呢？鄭閔馨執行長認為，美衣潔提供的建議、經營策略，倘若合作加盟主不用心或實際執行，如何贏來滿滿人潮與成效呢？反而會讓加盟主認為多付出了資金卻不見效果。

因此鄭閔馨執行長認為：互相合作前，希望每位夥伴能清楚美衣潔資源並懂得運用，甚至挖到更多協助來強化自身的經營。美衣潔能給予各式各樣協助，但最終還是要靠業主的身體力行。

鄭閔馨執行長笑道：美衣潔能提供知識與資源是無法估算的，不需要用加盟金去衡量服務價值，有時候「沒有價格才是最大的價值」。

三思而後行，最重要還是在於起身執行

關於美衣潔經營，鄭閔馨執行長心中有規畫好的藍圖，期望能一步步朝目標邁進。短期目標，美衣潔將致力於 FAGOR 台灣亞洲獨家總代理的經營，後續也將推出可放入衣物柔軟精、濕度控管更高階的洗衣機機型，相信可為消費者與業主帶來更便利體驗與商業契機。

中長期而言，美衣潔在 IoT 物聯網系統佈局，遠端進行問題排除及發現問題，將可大幅降低維修時間，給予業主最即時協助。並以台灣為出發點，將設備與技術拓展至亞洲地區。

對於想創業的人，鄭閔馨執行長給也予建議：

1. 三思而後行：想清楚要完成的目標，準備好一顆想好好經營的心
2. 起身且執行：拿出行動力，用心經營
每位經營者需要用心觀察，消費者需要什麼，並思考可以如何解決，最重要是去「起身執行」！

美衣潔綠能智慧｜商業模式圖

 重要合作

- 自助洗衣加盟

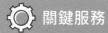 關鍵服務

- 洗衣設備
- 店面設計
- 全面行銷
- 相關課程
- 售後服務
- 創業諮詢
- 異業結合

價值主張

- 業界首創一條龍服務及唯一貫徹無人的經營管理模式，提供業主更自由彈性的空間。
- 創新打造競爭力，帶領業主不斷前進、不斷創新，開拓市場視野，讓加盟主實實在在的「永續經營」。

客戶關係

- 「亦師亦友亦學生」是美衣潔與客戶間的最佳寫照，來自不同行業的客戶與自助洗衣結合後彼此學習、不斷創新，為市場與關係的永存打造穩定的基礎。

客戶群體

- 自助洗衣創業者
- 自助洗衣副業者
- 學生員工宿舍採購
- 飯店洗衣房採購
- 洗衣工廠採購
- 個體單獨採購

● 看準時機, 逆勢成長: 近年來因疫情致使日常衛生觀念急速被重視,「零接觸」的無人產業蓬勃發展。
● 傳統轉型, 未來企業: 創新與科技讓經典再現, 美衣潔結合科技讓洗衣更快速、方便、具備格調！
● 無人在店, 有人管理: 貫徹「無人」理念, 透過遠端管理打造最輕鬆的商業模式。

我們這個詞, 也包含了您

回歸根本, 美衣潔的目光始終追逐著消費者。因為關注、因為在乎, 美衣潔讓每一個加盟主感受到「有人比我更在乎我的店、我的消費者」, 遇到任何困難, 加盟主習慣與總部分享、尋求協助, 進而打造了美衣潔與加盟主間穩定且密不可分的關係。

創業 Q&A

1. 生產與作業管理

開發 / 溝通過程什麼事情發生最令人害怕？

工程人員不理解業務人員、客服人員所要面對的難處，而不願配合研發！或對客戶的需求產生不理解、不耐煩，如忽略各部門間的溝通，很容易造成團隊瓦解、持續性人員汰換與流動，最終流失客戶。

2. 人力資源管理

穩定台灣、跨足國際，培養團隊人員國際化視野，提供團隊成員國際化進修課程（品牌經營、跨領域服務、文化適應、行銷策略 .... 等等）為隨時進入國際市場做好完善的準備。

3. 市場經營管理

如何讓市場瞭解你們？

追蹤時事、融入時事，優化線上線下行銷並參與國際展會，提升曝光度；同時也積極參與各式節目、比賽證明實力。

4. 財務管理

成長增速可能會遇到哪些阻礙？

中小企業共同的痛就是有限的資金，因此不清楚財務報表的規畫才是最大的問題！能否針對每階段擬定資金週期與進出管理才是關鍵；最好是能對每個專案 / 部門擬定預算與風險評估。

美衣潔綠能智慧

FB：美衣潔洗衣設備

電話：0966-168586

台中市大里區東明路 166 巷 1 號

慧穩科技股份有限公司

林耿呈 Aaron Lin
總經理

AiWin
Be your iPartner!

AI 時代來臨！人工智慧技術給社會不一樣的改變
—慧穩科技股份有限公司

林耿呈先生 (Aaron)，為慧穩科技股份有限公司總經理兼創辦人。在類神經網路領域研究數十載，因緣際會下觀察到人工智慧蓬勃發展的可能性，進而創立慧穩科技股份有限公司，透過人工智慧技術協助企業發展，為社會帶來應有的價值。

累積產業深厚經驗與敏銳，
在市場中嗅出新發現

說起 Aaron 在 AI 人工智慧的經驗，就必須就學時期談起，由於是本科畢業，從大學、碩士到博士，Aaron 一路上在機器學習、類神經網路領域中鑽研，並累積深厚紮實的經驗。在研究的過程中，Aaron 也不斷思考，這項技術能夠為業界，甚至是社會帶來什麼樣的價值與改變呢？也許就是這時候，Aaron 在心中埋下創業的種子。畢業後 Aaron 至工業電腦公司擔任研發替代役，這段期間也同步在勤益科大實驗室服務，指導學生也協助教授實驗的進行，在多元經驗交流中，Aaron 接觸的新技術—深度學習，認知到這項技術，將為產業、社會帶來全新的改變！

因此，在 2016 年 Aaron 在勤益科大的育成中心成立了「慧穩科技」，希望透過 AI 技術為產業與社會帶來改變，人工智慧解決方案的提供者，透過圖像辨識輔助工廠做品質檢測，以避免人工疏失而產生漏檢的狀況。慧穩科技，在人工智慧領域，開創台灣產業新篇章！

正向、正派、專注，
是慧穩科技企業文化與品牌宗旨

Aaron 認為公司經營一定要遵守三個原則：「正向、正派、專注」。第一個原則「身為經營者，並沒有悲觀的理由」，需要比任何人都更正向看待每一件事，因為 Aaron 知道，如果連自己都以悲觀角度面對，勢必會影響到內部士氣與氣氛。第二個原則：「正派經營，才不會讓公司走偏」，Aaron 秉持著公司資金公開透明，讓出錢出力的股東們都能確認了解、掌控公司的經營。第三個原則：「專注，

選擇放棄而去專注，才會有所成長」，公司人力資金有限的情況下，不可以什麼都想要，什麼都想做，這樣容易兩頭空，因次 Aaron 認為，在不斷取捨中放棄，選擇後專注實現，在專業領域中才能越做越深，有會獲得與成長。

慧穩科技一路走來也不斷求新求變，一開始運用 AI 來服務客戶、解決製造上問題，而後來推出「WinHub.AI」- Fusion AI SaaS Solutions 平台，以過往專案中積累的經驗，變成標準化的產品，以更低廉的價格導入其他客戶問題，標準化、模組化，才能讓更多企業以平易近人的成本，獲得 AI 人工智慧技術。

集結過往經驗推出「WinHub.AI」- Fusion AI SaaS Solutions 平台，解決企業導入 AI 的高門檻問題

在協助解決問題時，Aaron 發現時常與客戶有認知上差異，企業主對於成本的考量、事業人才不足、成效 KPI 的評估充滿許多不確定因素，但是這些考量都將成為是否合作的重要指標，Aaron 也能理解一 每一個決定都會影響到工廠的運作及盈虧。然而，為了徹底解決這些疑慮，慧穩科技集結過往所做的事案經驗濃縮，推出 WinHub.AI 平台，落地成效高且操作技術性低，可以節省的人事成本、提升品質。

慧穩科技成功將多年累積的產業經驗，經由標準、模組化轉變成一項產品服務，並導入客戶的產業，讓 AI 技術變得更平易近人。進一步實現 Aaron 的期望一為社會產業帶來改變與價值。

關關難過關關過！遇到問題，面對他、解決他

當企業經營到一定規模時，大小問題會接踵而來。Aaron 分享到，公司經營不外乎遇到資金、合夥人理念、人才招募等問題。以新創公司最常見就是資金不足的問題，因此為了公司長遠營運，Aaron 都會告訴夥伴、同仁能省則省，儘量降低參展成本，與日常營運費用，讓每份資金都能以最妥善的方式被運用。

除此之外，也會遇到理念、步調不無一致的股東，就要拿出智慧與判斷，找出一個平衡的挺損點。發現問題、面對問題、解決問題，然後又發現新的問題，Aaron 創業過程就是在循環中度過。

謀定而後動，知止而有得，在適當時機點取捨

對於慧穩科技未來發展，Aaron 認為在短期仍將以 WinHub.AI 平台為發展重心，固定在幾個領域進行強化；中期則會將 WinHub.AI 平台的廣度延伸，拓展至更多元的領域，最終的長期目標是將營運規模達到一定程度，讓慧穩科技能夠順利 IPO 上市，放眼國際市場。對於想創業的人，Aaron 給地予建議─「謀定而後動，知止而有得」，經營者在做每個決定前一定要深思熱慮後行動，並旦有選擇的果斷力，捨去都是讓人掙扎的，客戶的選擇、未來發展的目標，選擇才能專注，專注才能做好！

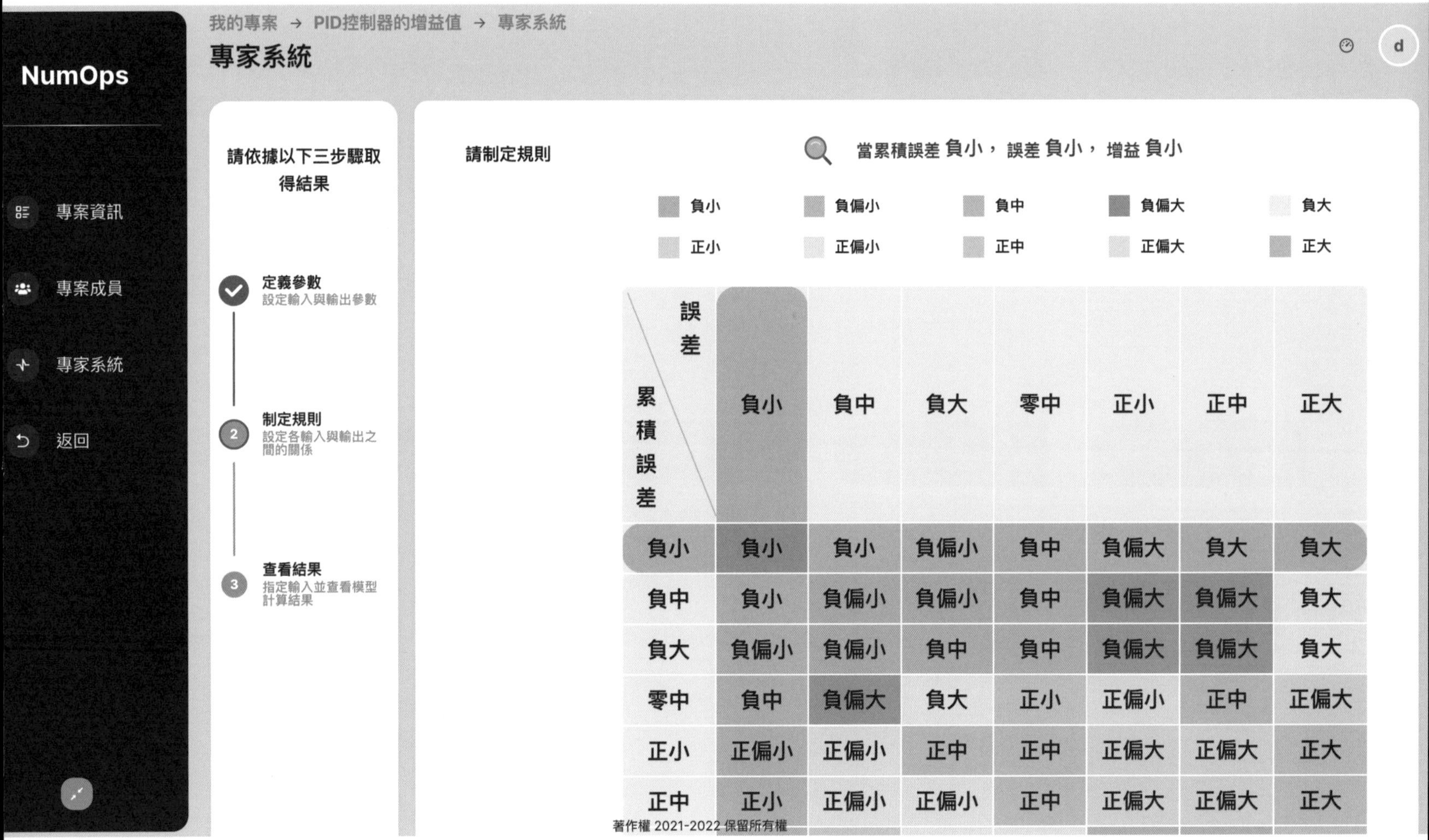

我的專案 → PID控制器的增益值 → 專家系統

專家系統

NumOps

- 專案資訊
- 專案成員
- 專家系統
- 返回

請依據以下三步驟取得結果

✓ **定義參數**
設定輸入與輸出參數

② **制定規則**
設定各輸入與輸出之間的關係

③ **查看結果**
指定輸入並查看模型計算結果

請制定規則

🔍 當累積誤差 **負小**，誤差 **負小**，增益 **負小**

| 負小 | 負偏小 | 負中 | 負偏大 | 負大 |
| 正小 | 正偏小 | 正中 | 正偏大 | 正大 |

累積誤差 ＼ 誤差	負小	負中	負大	零中	正小	正中	正大
負小	負小	負小	負偏小	負中	負偏大	負大	負大
負中	負小	負偏小	負偏小	負中	負偏大	負偏大	負大
負大	負偏小	負偏小	負中	負中	負偏大	負偏大	負大
零中	負中	負偏大	負大	正小	正偏小	正中	正偏大
正小	正偏小	正偏小	正中	正中	正偏大	正偏大	正大
正中	正小	正偏小	正偏小	正中	正偏大	正偏大	正大

慧穩科技 | 商業模式圖

重要合作
- AI 導入
- 工廠製造改善
- 工廠優化
- ESG 成效優化

關鍵服務
- 專業技術
- 產業經驗
- 產業人脈
- SaaS 平台服務

價值主張
- 我們提供專業且快速落地的 AI SaaS 解決方案

客戶關係
- 直接供應 SaaS 平台
- 代理合作
- 專案合作
- 共同開發

客戶群體
- 製造業
- 高科技產業
- 傳統產業
- 系統整合商
- 設備業
- 醫療產業

核心資源
- AI 落地經驗
- 股東產業人脈
- 完整 AI SaaS 平台
- 高度軟硬體整合

渠道通道
- 官網
- FB
- 代理商
- 系統整合商
- 設備業
- 課程研討會
- 產業人脈

成本結構
- 營運成本
- 人事成本
- AI 設備與維護

收益來源
- 訂閱獲利
- 分潤獲利
- 服務獲利
- NRE

TIP
※ 公司經營三原則—「正向、正派、專注」
※ 謀定而後動，知止而有得。
※ 希望把 AI 帶到世界 對社會有益的改變
※ 身為經營者，並沒有悲觀的理由

創業 Q&A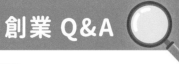

1. 生產與作業管理

主力產品的重點里程碑是什麼？

慧穩科技完整提供電腦視覺、數據分析 (AutoML)、專家系統與
各式演算法之 Fusion AI SaaS 平台解決方案，讓客戶達成免寫
程式就可以擁有 AI，開箱既落地。

2. 行銷管理

從客戶第一次接觸到成交，一段典型的銷售循環是什麼樣子？

我們會先協助客戶釐清需求，在透過我們的產品 WinHub.AI 進
行 AI 的可行性分析 (POC)，確定可行，進行平台與導入的建立，
讓客戶可以輕鬆導入 AI，並且取得效益。

3. 人力資源管理

未來一年內，對團隊的規模有何計畫？

我們未來一年，人力會需要增加 50%，更在今年開始展開三年公
司中間層管理團隊的建立，讓公司的文化可以繼續傳承，讓新生
一代可以帶來新的展現。

4. 財務管理

目前該服務的獲利模式為何？

我們的 WinHub.AI 獲利模式有三種，分成平台的訂閱獲利、合
作經銷的分潤獲利與 NRE 的一次開發獲利，我們期許三種獲利
可達比例為 50%、30%、20%。

我獨創角業，
UNICORN
UNICORN
UNICORN
UNICOF

慧穩科技

官網：https://aiwin.com.tw/

電話：04-2252-5580

台中市西屯區市政路 500 號 7 樓之 6

阿利恩股份有限公司

ALION

邱世偉 SHI-HWEI CHIU
執行長

JaFun 跨境電商照 /Meet Taipei 活動照 /Meet Taipei 活動照

科技搭建起情誼的橋樑，持續升溫的台日友情—阿利恩股份有限公司

邱世偉（Bruce），阿利恩股份有限公司的 CEO。同時也是位軟體工程師，在因緣際會下接觸到日語及日本文化，並在台灣與日本兩地創立公司。一方面為客戶提供網站及 app 的開發服務，另一方面創立日本當地線上購物 app，雙管齊下、希望藉由自己所擅長的科技增進台灣與日本間的情誼交流。

看準市場，
誓言以科技搭起情誼的橋樑

「與其說想創業，不如說想要做出這樣的東西而踏上創業的路。」Bruce 說道；擅長軟體開發的他從大三就開始接案，原本只是湊巧接下學校日文社團的領隊工作，並在其中學習到一些日語的基礎；爾後，在某次的日本自由行中，Bruce 意識到在台灣的「代購」市場需求相當高，身為工程師、網路無遠弗屆的效應他比誰都清楚，Bruce 想發揮自身所長開發一個能夠促進台日之間交流的科技產品，藉由科技搭建起兩國之間情誼的橋樑。

鎖定好代購市場的目標，Bruce 開始對市面上的代購平台進行勘查，發現到大多的代購平台都是消費者下訂購單、等待有意的旅客接受並幫忙代購，或是代購的店家定期以集單的方式招募消費者跟團下單，這也意味著，許多欲購買日本產品的消費者不見得能找到有意幫忙代購的業者或旅客；Bruce 決定解決市場的痛點，開發專屬於台灣與日本間的交易，且兼具國際化與在地化的代購平台，讓消費者可以主動聯繫到日本當地的旅客，也讓旅客有更多關於不同城市的產品情報可供蒐集。2016 年，Bruce 開始了他的創業之旅，為了解日本當地市場趨勢及拓展產品，他覓得幾

位志同道合的工作夥伴負責台灣的業務事項，他僅僅帶著一台筆電、幾萬元的現金以及不太流利的日文，領了打工簽證、毅然決然就前往日本大阪；Bruce 一心只想著做好代購事業，為一展決心，他阻斷後路、發下豪語：「在日本發展成功前，絕不會兩手空空回台灣！」不僅是對家人及好友的宣告，更是對自己許下的諾言！

危機就是轉機，疫情帶來的新商機

「創業會有許多意料不到的狀況發生。」Bruce 說道，好不容易公司逐漸趨於穩定，卻遭逢疫情肆虐全球，首當其衝的觀光產業受

台灣團隊 / 台灣成員團體照 / 日本商業競賽 / 日本成員團體照

到影響、也導致企劃碰壁，讓 Bruce 一度陷入恐慌，但他很快地便穩住陣腳，轉而與日本當地線下的廠商結合，並積極經營跨境電商，而跨境電商剛好在大家無法出國的情況下，變相刺激線上購物的買氣，為公司帶來轉機。

此外疫情爆發後，遠距工作逐漸成為現代社會的新常態，Bruce 透露，儘管遠距工作帶來了便利性，但這種模式也不免缺乏真實的團隊合作感。面對團隊合作感的缺失，很多人仍對此有所保留。許多企業也正在尋找更為有效的團隊管理和溝通方式，而 SWise 透過其革命性的虛擬辦公解決方案，為這項挑戰帶來了新的答案。

虛擬辦公室 -SWise 的誕生

Bruce 表示：SWise 基本上是在 2D 的元宇宙空間中提供虛擬辦公環境，讓團隊能在這樣的空間中彷彿身處真實辦公室。想像一下，當你在這個虛擬空間中移動你的虛擬人像靠近一名同事，就像在真實辦公室走到他的桌前一樣，你們之間的視訊和音訊對話功能就會自動啟動。這樣的互動方式對於許多遠程工作的員工來說，不僅省時還大大增強了工作的實感。不再有冗長的文字交流，不再有信息的延遲，一切都變得如此真實而即時。而對於管理者而言，這意味著能夠更加直觀地掌握團隊的狀況。

Bruce 進一步說明：在 SWise 的空間中，每一位團隊成員的動態都一目了然。你不必再猜測某位成員是否正在忙於會議，或是今天是否有請假，一切都清晰可見。而這對於擁有跨國或跨地區團隊的企業來說尤為重要！

打破語言隔閡，增進跨國協作機會

SWise 對於跨國團隊的支援並不止於此。Bruce 提到：我們深知語言和文化差異可能是跨國團隊合作的一大障礙，因此我們整合了 ChatGPT 和 Whisper API 的即時語言翻譯功能，支援多達數十種語言。不論你的團隊成員來自哪裡，只要他在 SWise 中發言，其他成員都能立即看到翻譯後的字幕，大大提升了跨國溝通的效率。

當企業的合作與交流不再受到語言和地理位置的限制，這將無疑地為未來的工作模式和商業合作開啟了全新的可能性。SWise 正是這樣一個引領者，展示了當技術與需求完美結合時，所能帶來的無窮潛力。

當今，全球市場正在迅速變化，近日日本企業因為極缺 IT 人才，SWise 希望能夠介入，作為一個連結台灣人才與日本企業的橋樑。透過 SWise 的科技，台灣的專業人才無需實際飛往日本，便可以進行遠距工作，並享有日本的福利待遇。而在這整個協同過程中，SWise 內建的 AI 即時語音翻

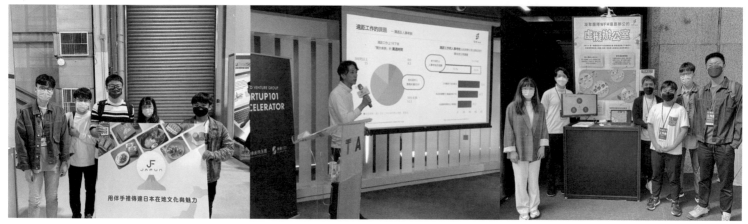

2022 年 Meet Taipei/2022 競賽活動 -Bruce/2023 年台北資訊月

譯功能扮演了關鍵角色。這不僅僅滿足了跨國團隊的溝通需求，更讓 SWise 在國際間建立了不可替代的競爭地位。

成功不是等來的，
路是自己走出來的

Bruce 特別提及阿利恩股份有限公司的 COO——Ivan，從他出發日本至今已經六年的時間、一路上的相互扶持，有好幾次事業上碰到瓶頸、萌生放棄的念頭，但看到一旁的 Ivan 比自己更積極尋找解決辦法，也瞬間打消了 Bruce 想放棄的念頭，繼續奮發向上、共同挑戰眼前的難關。

Bruce 坦言，創業至今也曾因為業績數字不漂亮而放棄，而熬過低谷，在一場因疫情帶來遠距辦公的新型態轉變，讓團隊看見一線生機，這才有繼續堅持下去的動力。Bruce 認為創業就是一直不斷找出新的解決方案，透過科技拉近國與國之間的距離，將當地的文化及魅力傳達到別的國家，就是最 Bruce 想做的事。

機會是留給準備好的人

這句話自古以來大家都沒少聽過，但所謂的「準備」是指什麼呢？曾經茫然不知的 Bruce 如今自己所體悟到道理為，「準備」是指「做好心中的覺悟」，他說到：「抱持著想要把事情做好的覺悟，就先出發吧！」機會不等人、世上並無最佳時機，只要肯定是想做的事、想走的路，縱然路途坎坷或是不小心跌跤，適當地停下腳步、休息一下，讓自己思忖下一步再前進，自然而然會走出屬於自己的道路。

2023 Meet Taipei 展場推廣 (左上)/2023 Osaka SWise Pitch(右上)/ 台灣團隊 & 日本團隊 (左下)

阿利恩 | 商業模式圖

 **重要合作**
- 日本補教業
- 人才仲介公司
- Co Working Space

 關鍵服務
- 虛擬辦公室
- Event 活動
- 線上虛擬教室

價值主張

SWise 致力於利用 IT 科技降低物理距離所帶來的人際交流隔閡，創造人與人之間新聯繫。期盼能引領數位轉型革新，讓任何地點、任何時間都能成為你的辦公室。迎向更智慧更便捷的工作模式，進一步先從日本市場利基，帶領台灣人才走向國際就業市場。

客戶關係
- 異業合作
- 客戶支援與問題解答

 客戶群體
- 軟體 IT 企業
- 導入遠距工作制度的企業
- 具有跨國徵才需求的企業

核心資源
- 產品開發團隊
- 線上虛擬辦公室
- 客戶支援團隊

渠道通道
- BD 業務
- 活動展覽推廣
- Google 廣告

成本結構
- 人事成本
- 廣告成本
- 系統營運成本

收益來源
- 產品訂閱服務費用

TIP
※ 創業會有許多意料不到的狀況發生。
※ 抱持著想要把事情做好的覺悟，就先出發吧！

創業 Q&A

1. 行銷管理

先前主要集中在日本市場的推廣，鑑於日本文化特質重視面對面的人際互動，因此透過配置當地的業務團隊來進行在地拓展。對於未來在台灣市場，我們計畫透過數位行銷進行推廣，透過數位廣告及內容行銷提昇網站流量，並採取自動化結帳流程，讓訪問者可以直接在官網完成 SWise 的試用期開通及訂閱。

2. 人力資源管理

比較特別是我們的團隊本身就是跨國協作的模式，業務人力主要位於日本，而開發工程師與產品經理則是以台灣的成員為主。我們的協作強化策略就是使用自家產品 SWise，實現優質的跨國團隊協作。成員每天登入虛擬辦公室，可以視覺化的了解成員間的工作狀況，我也規劃了例行的早會和下班前的進度報告會議，每天透過短短五分鐘的交流，確保成員對彼此的工作近況維持同步，也增強了團隊凝聚力。

3. 財務管理

我們的獲利模式主要基於 SaaS（軟體即服務）的訂閱制。客戶按月付費，而費用則根據所選擇開通的功能內容及使用者數量有所不同。這種模式不僅讓客戶能夠根據自己的需求和預算靈活選擇，也確保了我們能持續地為他們提供最新的功能和升級。這樣的策略有助於維持長期的客戶關係和穩定的收入流。

我獨創角業，

UNIKORN
UNIKORN
UNI OR
UNI

阿利恩

SCAN ME

• LIVE ▶

官網：https://alion.tw/

FB：ALION- 阿利恩

新北市林口區仁愛路二段 502 號 17 樓 1704 室

合美 H+M 精品系統櫥櫃

詹睿欽 Ricky Tsan
董事長

Happiness x Magnificent 合心給你最美的家！
——合美 H+M 精品系統櫥櫃

詹睿欽，合美 H+M 精品系統櫥櫃的董事長。在百家爭鳴的系統櫃與設計產業的市場中，以「工廠直營」的經營模式在一片紅海中嶄露頭角，客製化的訂製、兼具維修與製造的服務，用經濟又實惠的價格與品質為客戶打造溫暖的空間。

高規格與高品味，
為生活增添幸福與美滿

合美 H+M 精品系統櫥櫃的詹睿欽董事長，原是從事飛機結構工程師、專長飛機維修，他發現到一般居家裝潢工程常常會因為一個小問題而需要整套更換，有時候就算只是一個門板故障、或是一個檯面刮傷等的簡單問題，叫修卻要等候多時才能真正處理完畢，這看在詹睿欽的眼底覺得很不符合生活需求及經濟考量，他認為，廚房的空間就是一個小型設計的開端，以風水面來說更是一個家庭的財庫所在，廚房的空間設計自然而然變得更為重要，於是

詹睿欽決定導入在航太工程領域的多年經驗，以高規格的標準經營傳統工業，便創立了「合美 H+M 精品系統櫥櫃」。

H 和 M 兩字除了是合美的諧音之外，更有 hope 和 miracle 以及 home 和 manufacture 兩種溫暖的涵義，象徵著「在合美以自己期望的設計方式，製造一個奇蹟般的家庭空間」。從居家、商業空間到建設公司合美皆一手包辦，小至幾百元的書架或鞋櫃、大至上千萬建設案的所有櫃體都是合美的服務範疇，詹睿欽補充道，許多人為求方便都會選擇直接在一般賣場購買櫃子自行組裝，組裝完才發現與

現有的空間不符，櫃體與牆角可能會有間隙、浪費了使用空間，而系統櫃與一般販售制式化的櫃子截然不同，除了客製化完全貼近需求、更人性化之外，更能有效利用空間、也節省資源，最難能可貴的是它方便拆裝再遷移的特性，也是它的一大優勢，種種特點使得系統櫃產業在近幾年蓬勃發展。

誠信經營、誠實為上，
絕對品質、物超所值

而在百家爭鳴的系統櫃與設計產業的市場中，

合美更是以「工廠直營」的經營模式在一片紅海中嶄露頭角，詹睿欽打造一個小型的觀光工廠，將製造生產端與展示販售端結合一起，複合式的模式不僅提供客製化訂製，也兼具維修與製造的功能，獨樹一格的展示空間號稱是全台數一數二；特別的是，只要客戶有需求，從到府丈量、畫設計圖、報價的前半段服務皆為免費，後續進入議價、定價、付訂的程序才進入製造端執行，而工廠直接在廠內製作完便可到府安裝，一條龍的服務、大幅減少內部來回的溝通成本，也為客戶降低預算，且自始至終只需短短不過兩周的時間，還縮短在屋主端安裝櫃體的施工時間，屋主不必再忍受工程中的粉塵及噪音，兼具速度與品質的服務、給予客戶最優質的設計。

「誠信經營、積極解決消費者的問題」是詹睿欽一直堅持的經營理念，現在市場競爭相當激烈，許多店家打著價格策略、削價競爭，但注重品質與效率的他說到：「我們絕對不會是最便宜的，但一定會把它做到最好，在行情之內最物超所值的價格。」對於自家的公司他敢拍胸脯掛保證，賺錢要取之有道，唯有誠實、作為有良的公司才是經營的長久之道。

揮別過去、注入新意，
傳統產業不再死板

從原本的航太工程跨足系統櫃產業，雖是看似八竿子打不著的兩種領域，詹睿欽說：「學習是必然的！」原本就擅於工廠管理加上不懈地精進，專業的技能也很快地就上手了，唯獨人才的遴選與培養對於傳統產業而言是一大挑戰，詹睿欽坦言，傳統產業的框架束縛仍尚未完全剷除，許多人學歷很高卻不一定願意投入所謂的傳統產業，人才來來去去、人才培訓吸收的較緩慢；有鑑於

此，詹睿欽一直思考著如何讓這個產業變得有趣，他希望能減緩傳統產業的人才斷層，也希望一改以往傳統死板的經營思維，多去聆聽年輕人才的創意。

為了讓項產業傳承下去，詹睿欽相當要求員工的基本功要學得扎實，每位員工皆必須從學徒開始做起，並透過適職測驗為員工安排往後的職涯走向，不論是工程師、資訊端或設計師，讓員工適得其所、一展長才，讓傳統產業結合年輕族群的科學與創意做到世代傳承、永續經營，也給年輕人才一個發揮的舞台。2022 年 8 月透過桃園市室內設計裝修商業同業公會與科大及職訓局媒合正職實習生，以完善的教育訓練系統，標準系統化的生產管制，真正落實培養傳統工程人才，解決產業斷層的問題。

堅持高貴不貴，立足台灣、放眼世界

合美不僅致力打造出充滿幸福的空間，也將這份心意帶到社會角落，不僅與慈善機構長期合作，每年也會固定做「一日專業」的付出，儘管年底大多是工程的旺季，團隊也不忘在百忙中抽出時間去執行公益，「總會遇到一些客戶讓我印象深刻、發現到社會弱勢的地方還是很多……」詹睿欽說道，付出專業的同時也回饋社會，這種展現專業的方式也顯得更有意義。

目前，合美的服務範圍主要著重在台中以北，但詹睿欽的事業藍圖絕不僅止於此，為擴大及更專業的服務，2022 年 5 月在林口三民路 168 號成立了直營展示門市也稱之合美 168，將展示販售店面與專業製造空間區隔開來，以自媒體互聯網線上新零售結合縣縣實體的店的全網運營模式，整合了上下游供應鏈，讓產業的鏈接循環的經濟模式的理念慢慢地發散出去，期許將 MIT 的系統櫃行銷國外，讓國外也能享受到如此高貴卻不貴的品質，成為海外的系統櫃專業進口商。

合美 H+M 精品系統櫥櫃｜商業模式圖

 **重要合作**

- 寶佳建設、泛亞建設、勝輝建設、和洲建設、環都建設、兆基物業、翔譽建設、彥霖設計、大立百貨、衛福部、勞動部、台鐵、君翊行銷

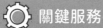 **關鍵服務**

- 依客戶需求客製，解決客戶問題，不以銷售為目的，而以服務品質為優先。

 **價值主張**

- 傳統加創新科學運營，注重人才養成，年輕熱情有衝勁的團隊，高效率的反饋，高品質服務，誠信，務實，透明。

客戶關係

- 新創業客戶若以誠信為出發我們都會十足支援協助，誠信負責的態度讓客戶均為我們轉介紹客戶。

客戶群體

- 建設公司，營造公司，房屋代銷公司，物業公司，房屋仲介公司，公家機關，商業空間，設計公司，統包工程公司，社群媒體，居家一家之主。

核心資源

- 工廠
- 教育訓練系統
- 生產管制系統
- 標準化流程

渠道通道

- B 端客戶均為口碑轉介紹，C 端轉介紹之外運營自媒體，線上新零售，互聯網，社群曝光引流到變現。

成本結構

- 工廠
- 展示門市
- 運營中心

收益來源

- BC 端客戶
- 廚房廚具工程
- 整室系統櫥櫃

TIP

※ 賺錢要取之有道，唯有誠實、作為有良的公司才是經營的長久之道

※ 付出專業的同時也回饋社會，這種展現專業的方式顯得更有意義。

創業 Q&A

1. 生產與作業管理

如何精準的執行在目標上？

精準的生產管制，提供高效率的回覆速度與品質，讓建商、營造商、設計師因我們的服務品質完善獲得更多客戶轉介紹的口碑。對 C 端客戶直接來店客，也秉持一樣的態度，只要客戶需要皆能不分大小案件竭盡所能的服務。

2. 行銷管理

公司目前如何行銷自家產品或服務？如果還沒開始，有什麼行銷計畫？

行銷以社團組織、公會商會、或具商業性質的社交體育活動等，這幾年皆以口碑相傳，獲得還可以的業績。近年開始利用自媒體，利用社群的傳播線上新零售的概念，結合新的展示門市中心，做陸海空的全網銷售。

3. 研究發展管理

如何讓市場瞭解你們？

透過媒體以及社群聲量讓客戶知道在傳統工程中真正落實數位轉型的工廠結合自營展示門市，薄利多銷，真正工廠直營，完整教育訓練系統與學校媒合實習生，承先啟後解決工程人員斷層問題。

合美 H+M 精品系統櫥櫃

https://www.i-kitchenware.com.tw/

電話：02-2609-5877

新北市林口區三民路 168 號

鉅鋼機械股份有限公司

King Steel

陳璟浩 Ching-Hao Chen
總經理

簡光正經理 Jason chien/KingSteel X BASF MOU 簽約活動 /K 展大合照 / 台灣微軟高階主管參訪活動

強調企業家族與創新的價值，成為傳產的數位轉型典範
—— 鉅鋼機械股份有限公司

陳璟浩，鉅鋼機械股份有限公司總經理。五年前臨危授命接班，積極導入溝通工具、數位化和自動化，領導公司成功數位轉型，成果為各界有目共睹，足以作為傳統產業的典範，未來規劃跨產業發展，提供更多元的服務，以期為公司、客戶和市場創造價值。

臨危授命接班，
領導公司成功數位轉型

身為家族企業二代的陳璟浩，2018 年臨危授命回到鉅鋼機械接班，商學院畢業的他，對機械相關的專業知識如金屬架構、機械設計原理、自動控制等等皆不甚了解，在沒有專業經驗和知識的情況下回到公司，他面對的最大挑戰是「人」，必須讓公司內部擁有不同背景和人生經驗的員工，在溝通過程中快速達成共識、並朝團隊期望的方向前進，五

年來他一一克服，甚至讓鉅鋼機械成功地進行數位轉型，帶領公司達成新的里程碑。

塑造企業家族，不斷追求創新

「family」一詞是鉅鋼機械的核心經營理念，陳璟浩表示，外人以「家族企業」的眼光看待鉅鋼機械，但事實上，董事長將鉅鋼機械塑造成一個「企業家族」，將所有員工視為自家人，員工在公司皆受到平等的對待，擁有同等的發言權利，員工間亦會互相關心彼此身心靈的健康，公司內部充滿溫暖的氛圍。

陳璟浩也自豪，正是「family」的公司文化，幫助鉅鋼機械順利推動數位轉型，過程中公司內的各單位彼此協助，不會相互推卸責任。

「超越自我、創新價值」是鉅鋼機械的核心價值，為求不斷創新，陳璟浩表示，他會持續思考如何可以做得更好，以期為公司、客戶和市場創造價值，並在不同場域強調創新。陳璟浩舉鉅鋼機械的發泡產品為例，過去鉅鋼機械專注在製鞋產業，並以化學發泡射出成形機械為主力產品，擁有製鞋產業 80% 的

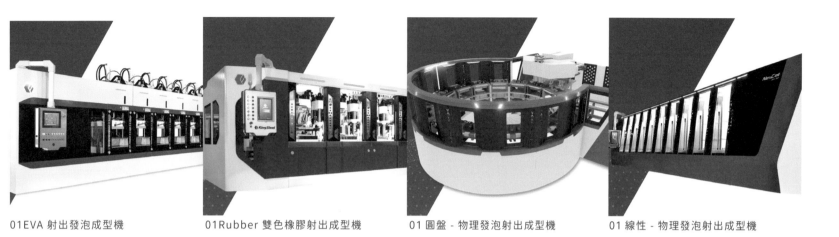

01EVA 射出發泡成型機　　01Rubber 雙色橡膠射出成型機　　01 圓盤 - 物理發泡射出成型機　　01 線性 - 物理發泡射出成型機

市占率，然而化學性發泡產品無法回收，在近年來因應環保的趨勢下，鉅鋼機械轉而開發物理性發泡射出成形機械，同時，陳璟浩也積極與鉅鋼機械數位創新中心經理簡光正討論如何進行數位化，他表示，數位化除了便於管理，亦便於追溯。陳璟浩提到，多數客戶無法正確分辨塑膠的類別，塑膠回收後只能一律送到掩埋場，但數位化後，未來客戶可以快速回溯產品的原料，達成有效率的回收，幫助企業達到 ESG 其中一項可回收的特性，減少不必要的浪費。

不急於標新立異，
導入溝通工具解放員工話語權

2018 年回公司接班的陳璟浩，並不急於大刀闊斧，試圖標新立異，而是運用一個月的時間與內部主管級討論，了解鉅鋼機械過去成功和失敗的案例，以及需要改善之處，並於對話中找出關鍵字，他發現「溝通」二字最常被提及，因此陳璟浩開始協助鉅鋼機械導入有助於溝通的方法與工具，如透過「視覺溝通」的方式，於每間會議室及公司走道上置放白板，以便員工進行溝通；除此之外，鉅鋼機械使用 Microsoft Teams 作為即時溝通工具，陳璟浩表示，過去在會議上謹慎發言的低階員工或習慣於網路世界溝通的年輕第一線人員，開始積極在 Teams 與其他員工積級對話，讓管理層能夠立即了解供應商端的架構上的問題或是客戶端的服務問題，Teams 工具間接解放階層和話語權，也讓具有創意的解決方案不再受到阻撓，這令他十分訝異。

鉅鋼機械數位創新中心經理簡光正表示，鉅鋼在數位轉型方面展現強烈的攬才之心，以往 IT 部門是不被看重的單位，一般傳統產業公司的 IT 部門僅有 2 至 3 人，鉅鋼機械則將 IT 部門人數擴張至 6 人，積極進行數位轉型。而談到數位轉型面臨的種種挑戰，簡光正表示，這些挑戰迫使他回學校進修，學習系統要如何整理和規劃，他也自豪，鉅鋼機械跳脫傳統機械製造業思維，四年來的轉型成果有目共睹，也讓鉅鋼機械獲得他人認可，稱讚公司的轉型成績足以做為傳統產業的典範。

以鞋業為本，朝向跨領域發展，推動多元服務

關於鉅鋼機械的未來計畫，陳璟浩表示，他希望以鞋業為本，朝向跨領域發展，如前述所提及，物理性發泡的射出成形機將做為鉅鋼機械未來的主力商品，另一方面，透過自動化和數位化，提高運作效率，並提供產品追溯服務，以期減少浪費，除此之外，陳璟浩欲強化鉅鋼機械的服務能力，他表示，鉅鋼機械過往以銷售設備為主，未來他希望推動維修保養與數位系統建置，為客戶提供更多元的服務。

「以終為始與「以人為本」是陳璟浩給年輕人的創業建議，他提到，這兩句話雖然看似簡單，卻可幫助年輕人達成創業的目標。陳璟浩表示，「以終為始」意即「清楚確認所認定的成功的樣貌」，根據此目標開始後續的所有行動，並思考過程中如何執行能夠達成目標、希望看到什麼結果；「以人為本」源於「每件事情從個人開始」的概念，當所有事情在規劃、準備執行的階段時，必須回歸「人」，確保所有人對事情的終點有一致的想法，找到共同的語言、選用合適的工具、建立合適的平台，甚至慢慢將範圍擴大至與策略夥伴和客戶的關係。

鉅鋼機械 ｜ 商業模式圖

 **重要合作**

· 運動產業產品一線大廠全球電腦軟體服務巨頭 - 微軟
· 全球電子與電機產品先驅 - 西門子

 關鍵服務

· 產品銷售及售後服務

價值主張

· 以鞋業為本，朝向跨領域發展，將物理性發泡的射出成形機將做為未來主力商品，亦透過自動化和數位化，提高運作效率，並提供產品追溯服務，以期減少浪費。

客戶關係

· 產品買賣

 客戶群體

· 98% 客戶為製鞋業的大型及次品牌商

核心資源

· 化學性及物理性發泡射出成形機械

渠道通道

· 實體公司
· 官網
· 展覽

成本結構

· 營運成本
· 人事成本

收益來源

· 產品銷售收入
· 服務收入

TIP

※「外人以「家族企業」的眼光看待鉅鋼機械，但事實上，董事長將鉅鋼機械塑造成一個「企業家族」，將所有員工視為自家人。」
※「以終為始、以人為本。」

創業 Q&A

1. 生產與作業管理

主力產品的重點里程碑是什麼？

鉅鋼成立至今 45 年，始終持續研發創新與轉型成長，以鞋業為本，朝向跨領域多元發展，於 2020 年研發出世界第一台 NexCell 全新量產用物理發泡射出成型機，滿足永續發展趨勢與環保理念，未來將做為鉅鋼主力商品，亦透過自動化和數位化，提高營運效率，並提供產品追溯服務，減少浪費。

2. 行銷管理

公司社群媒體的策略是什麼？

社群媒體的興起與影響力，在現今已是無庸置疑的趨勢與行銷工具。因此，鉅鋼除了全面更新舊有官方網站，打造全新使用者體驗，更趁勝追擊創立鉅鋼 Linkedin 官方頁面和 Youtube 頻道，藉由加入多元社群媒體平台，由被動轉為主動積極品牌行銷，於平台上即時分享與交流，不僅提升拉進策略夥伴和客戶的關係，更有效行銷鉅鋼品牌廣於國際。

3. 人力資源管理

短期內還有什麼需要補進來的關鍵角色嗎？

綜觀製造業，近年隨著外資擴大在台投資、新型態工作模式興起，鉅鋼積極擁抱並投入數位轉型，陳璟浩總經理言：當重複性高、基礎的工作可透過數位方案解決時，各階段人才的短缺儼然是製造業的一大挑戰，期盼能透過數位轉型吸納更多人才、留住人才，人才資源轉移到高階技術生產，進一步帶動薪資成長，以此吸引更多人加入鉅鋼。

我獨創角業，

UNIKORN
UNIKORN
UNIKOR
UNIKO

鉅鋼機械

SCAN ME

LIVE

電話：04 2350 1566

https://www.kingsteel.com/zh-hant

407 台中市西屯區工業區七路 22 號

中山普萊聯合會計師事務所

黃協興 Willy Huang
創辦人

忠於所託、與你同在,企業背後的智囊團
—— 中山普萊聯合會計師事務所

黃協興,中山普萊聯合會計師事務所的總所所長。有多家學校的講師經驗,也有會計師業務、稅務及行政救濟的多年經歷,具有豐碩的專業知識及產業經驗,迄今事務所已茁壯成將近兩百位員工的團隊,不僅是產業中的第一把交椅,亦是專業人才的育成中心。

看見會計師的職業前景,用心加強專業技能

中山普萊聯合會計師事務所的總所所長——黃協興,曾是國稅局的專員、也擔任過台灣省會計師公會的理事長,更是多間專科學校及大專院校的兼任講師,除了擁有大陸會計師及台灣地政士證照,也擔任醫學會、公會的顧問及知名公司監察人,細數黃所長的經歷、輝煌的產業經驗更是不勝枚舉。

但其實黃所長並非科班出身,畢業於政治大學經濟系以及中山大學企業管理研究所,會接觸到會計師這個職位,是因為在當時這並不算是熱門職業,會計師既稀少又專業,大多的會計師也是服務於上市櫃公司,擅於處理稅務、與新創公司配合的會計師卻少之又少,黃所長認為這是個很好的市場,他也看見會計師這個職業的前瞻性,於是他便積極考取稅務員及會計師證照,並從此與會計產業結下了不解之緣。

會計不只會計,服務廣泛、專業加值

黃所長優秀的背景及廣闊的人脈,加上客戶間的口碑相傳,讓他創立的「中山聯合會計師事務所」在的隔年業績就翻倍成長,且每年都保持著穩定進步;2021年初,與位於台中的事務所合併成現在的「中山普萊聯合會計師事務所」。

會計師的服務範疇相當廣泛,凡是經營公司、

從事生意都需要專業的會計師，服務內容囊括了會計、稅務、法令更新、記帳、審計等等，其中尤以設立登記、變更登記、財務簽證、稅務簽證為經營公司最需知的區塊，企業主需熟悉公司法、證券交易法、民法等相關法規，明白各種稅務的追稅期限及課稅規定，「稅務是無法恢復原狀的，如果沒有深思熟慮前因後果很容易就鑄成大錯。」黃所長說道，可見會計師是企業經營公司時相當重要、不可或缺的合作夥伴。

重視專業智識的延伸，
拓展版圖、放眼國際

為了擴大業務及事業版圖，更成立國際業務部門，希望除了既有的國內客戶以外，再服務到外商或是海外投資者，並加入了范綱廷等新秀會計師，學成歸國的范綱廷會計師曾任職於上海、日商、美國等數間事務所，留學的背景及國外的從業經驗讓他可以發揮所長，專門接手海外投資的客戶；除此之外，中山普萊更加入「全球獨立會計師事務所聯盟——PrimeGlobal」，並積極參與許多相關活動，盼能藉由這個國際的平台為客戶創造更多服務價值，讓大眾了解到會計師事務所不僅是傳統認為的記帳服務而已，並將這項專業且優秀的技能帶到國際市場，行銷台灣、讓國際看見台灣的潛力，為全球各地客戶提供優質的會計諮詢服務。

「專業、主動、積極、熱忱」為中山普萊的經營理念，也是所有員工謹遵的信念，讓客戶感受到態度、同時也誠實面對自己，恪守會計師的本分、當公正的第三方，展現專業及信任的一面、但又與客戶輕鬆自在的相處，黃所長說道，處理能力、服務態度與客戶關係的維繫是身為會計師很重要的要素，一定要童叟無欺、心態誠懇，亦是如此，創業至今已為無數大型營建公司及企業家服務，儼然已成為會計產業的龍頭。

恪守誠信、忠於職守，穩扎穩打、永續經營

中山普萊從民國 82 年創立起，迄今已走過近三十年的光陰，每年的業績都是正向成長，近幾年，更陸續在高雄、北投、台中、彰化、新竹等地拓點，事務所穩定發展且不斷地成長茁壯，從原本獨自一人單打獨鬥，到現在團隊已來到將近兩百位員工，黃所長語帶欣慰地說到：「不是我很有能耐，只是一步一腳印、腳踏實地地走到現在。」

黃所長說：「願不願意承擔、有沒有精進專業、夠不夠熱忱是服務業很重要的三大要素。」、「真正有能力的人是相處起來讓人覺得舒服，處理事情讓人感到專業及用心。」黃所長補充道，這是他對後輩的耳提面命，也是對一直以來對自己的信念，他更以自身為例，每每遇到新的案件類型都會親自參與，逃避及推託都是對專業的不敬，唯有實際經歷過才會知道問題的癥結點，也才能坦承面對自己的表現。

 重要合作

Secret

關鍵服務

Secret

價值主張

Secret

客戶關係

Secret

客戶群體

Secret

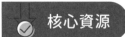 核心資源

Secret

渠道通道

Secret

 成本結構

Secret

收益來源

Secret

TIP

※ 真正有能力的人是相處
起來讓人覺得舒服,處
理事情讓人感到專業及
用心。

※ 逃避及推託都是對專業
的不敬,唯有實際經歷
過才會知道問題的癥結
點。

創業 Q&A

1. 行銷管理

從與客戶接洽的那一刻起，專心聆聽客戶的問題與需求，持正直誠信及維持高品質的專業素養，秉持客觀、正直及超然獨立之專業準則，於提供各項審計與非審計服務時，審慎判斷各項專業服務提供與執行的可行性，協助客戶及企業找出問題的根本，再透過整合性方案全面解決。

2. 人力資源管理

因應客戶所需，持續穩定發展並強化專業知識，本所定期舉辦對外講座及員工教育訓練和實務分享，目的在於人才上的培訓及持續給予客戶最佳服務。

3. 研究發展管理

客戶對於中山普萊相當的信任與期許，無論是維持傳統的財報簽證與稅務申報業務，或是擴展至財務及管理顧問服務提供全面的企業跨國投資規劃，輔導大型客戶提供公開發行、上市櫃服務以及法務暨行政救濟服務等。我們將依照專業行為道德規範，以恪守誠信、卓越服務、同心協力確實踐行自我管理。以誠信的行事態度達成客戶及企業對我們的專業期許以期達到最高的服務品質。

中山普萊聯合會計師事務所

LIVE ▶

電話：02-2999-3689

www.cscpa.com.tw/index_tw.php

新北市三重區重新路五段 609 巷 2 號 5 樓之 2

蘇菲亞 Sophia
執行長

身心靈研究所
蘇菲亞國際

創造更多探索，挖掘更多可能—蘇菲亞國際身心靈研究所

蘇菲亞 Sophia，蘇菲亞國際身心靈研究所執行長。長期致力於醫學、催眠領域的研究，因緣際會下創立蘇菲亞國際身心靈研究所，歷經三次轉型，逐漸發展出能實際運用在生活的課程，幫助學員在生活能夠獲得更好的提升。

歷經三次重大轉型，走出蘇菲亞國際身心靈研究所不一樣的路

Sophia 執行長在醫學領域有相當深厚的研究，除了獲得美國醫學博士外，更成功取得美國 NGH 醫學催眠師證照，也是該研究機構取得認證的第一位華人。如此深厚的醫學背景下，Sophia 在因緣際會之下，創立了蘇菲亞國際身心靈研究所。一開始，Sophia 執行長保持著試試看的心態經營，在品牌第二次轉型，也是 Sophia 執行長邁入教育領域第五年，她忽然意識到，身為一位教育者，應該對社會負起更大的責任，因此更用心投入於蘇菲亞國際身心靈研究所的經營，並逐步將課程調整成更接近實務，讓學員可以運用在生活、工作中，獲得好的轉變，甚至是改變命運。

Sophia 執行長也提到，目前蘇菲亞國際身心靈研究所以歷經三次重大轉型，課程以身心靈為出發，從「身」開始，打好健康基礎，進而培養學員心理層面，以及最後一層的「靈」。不再將課程拘泥於證書，而是讓學員獲得真槍實彈的技巧與知識。

結合身心靈培訓，從自我療癒力開始

為了做出市場區隔，Sophia 執行長將品牌名稱從「學校」改為「研究所」。市面上不乏有相當多的身心靈學校，提供身心靈提升的課程與服務，但是 Sophia 執行長希望，學員不應該只是以放鬆心態來上課，結束後輕輕鬆鬆就能到證書，獲得自我的肯定，Sophia 執行長認為，真正的身心靈課程並非僅僅感受到身心靈的舒服，而是要能實地運用，去改善目前生活所遭遇的問題，並獲得解決。
蘇菲亞國際身心靈研究所課程分為：身、心、

靈，三個部份。「身」，代表著生活，內容包含中西醫、生活醫學、能量醫學等。有科學依據的醫學可幫助療癒、症狀的緩解；「心」，代表的是心理學、醫學催眠、靈學催眠，而 Sophia 執行長的博士論文更是專研醫學結合催眠的研究，Sophia 執行長認為，常常會聽到有人說：「我要幫助他自我療癒」，但是事實上這個人因為自我療癒功能失調，才會造成後續問題，所以需要的是一協助引導他自我療癒。「靈」，超心理學，Sophia 執行長認為，每個人都有自己的靈通力，根據特質而有所不同，靈通力是需要透過學習來擁有。

「身、心、靈」就像金字塔，
身是一切跟本的基礎

Sophia 執行長強調，「身、心、靈」就像金字塔，身是一切跟本的基礎，若沒有健康的身體，就無法獲得後面兩階層「心、靈」的延伸，而常常問題點就是出在身與心的階段。像是有學員希望解決肥胖的問題，經對談了解學員常透過吃來紓壓，然而壓力來源來自於時常需要加班……，層層抽絲剝繭後發現，時間管理不佳才是造成問題的根源，藉由課程找出根源，並協助學員解決真正的問題點。

就像 Sophia 執行長不斷強調的，品牌課程所帶來的是實際的運用，改變生活邁向美好。

持續穩定前進，
與權威機構合作再創品牌影響力

談起蘇菲亞國際身心靈研究所未來規劃，Sophia 執行長表示，第三次轉型還算成功，目前將穩定經營，培養好實力等待下一階段的轉型機會；中期目標將會與商業實驗室合作，讓課程、理論有更多的科學佐證；長期目標期望能與有影響力權威機構合作，再去創造品牌更多可能，與散佈影響力。

對於想投入創業的夥伴，Sophia 執行長認為有幾項是創業前需要思考清楚：
1. 確認好自己的初心，知道未來的路要如何走
2. 評估擁有的資訊與籌碼
3. 契而不捨的動力

Sophia 執行長也提醒一「創業是需要主動，而不是等著別人來幫助」，確保自己擁有一顆獨立的心，就勇敢去創造屬於自己的路。就像 Sophia 執行長創立蘇菲亞國際身心靈研究所，透過專業醫學結合身心靈，解決生活問題，有別於一般身心靈學校，走出不一樣的路。

蘇菲亞國際身心靈研究所｜商業模式圖

重要合作
· 心靈諮詢
· 身心靈服務
· 身心靈課程訓練

關鍵服務
· 心靈諮詢
· 身心靈服務
· 身心靈課程訓練

價值主張
· 身心靈的學習是為了培養改善生命中的身心靈相關問題與挑戰，同時享用身心靈的美好。所以課程與學習必需真實而且落實，才能看見自己幫助他人。

客戶關係
· 心靈諮詢
· 身心靈服務
· 身心靈課程訓練

客戶群體
· 一般大眾
· 身心靈界同行專業

核心資源
· 產業經驗
· 專業知識

渠道通道
· 官網
· 臉書
· 區塊鏈文創平台

成本結構
· 營運成本
· 人事成本
· 設備採購與維護

收益來源
· 身心靈諮詢
· 身心靈服務
· 身心靈課程訓練

TIP
※「身、心、靈」就像金字塔，身是一切跟本的基礎。
※ 如果你需要鼓勵 你就不要創業。
※ 創業是需要主動，而不是等著別人來幫助。

創業 Q&A

1. 行銷管理

公司目前如何行銷自家產品或服務？如果還沒開始，有什麼行銷計畫？

當前，我們公司採用一系列數位化策略，結合社交媒體廣告和內容行銷，全面推廣我們的產品與服務。對於未來，我們正在策劃一個全面的行銷計畫，其中將融合傳統媒體和新媒體手段，更深入地開拓市場，提供客戶更為貼心的服務體驗。

2. 人力資源管理

短期內還有什麼需要補進來的關鍵角色嗎？

因為本校課程架構與內容，宗旨與培訓目標有別於一般哲學取向的身心靈市場，在市場開發上需要尋找更有智慧與專業的團隊合作。

蘇菲亞國際身心靈研究所

官網：https://sbmss.net/

FB：蘇菲亞國際身心靈研究所

sophialightpaper@gmail.com

永佳汽車商行

永佳汽車商行

Since1972

陳建州 Joe Chen
業務經理

店裡每一部車都親自洗　　代客驗車　　　　客戶回饋　　　　　　　永佳汽車

傳承與創新，開創新展望——永佳汽車商行

陳建州，永佳汽車商行業務經理。從一位人人稱羨的科技新貴，到回歸家中接管事業經營。延續上一輩的好口碑，秉持誠信與服務，更運用自身科技資訊技能，及時溝通並解決顧客問題。在新舊交替間，創造品牌新展望。

隔行如隔山，加倍努力學習

永佳汽車商行為陳建州經理的父親一手創立。陳建州經理的父親原先從事汽車維修工作，台語俗稱黑手。後來，因為身體因素而轉型汽車商行，主要以二手車買賣為主。起初陳建州經理畢業後，並沒有立即接手父親事業，而是先到科學園區工作。後來考量父親年邁及家庭因素，於 2017 年時辭掉工作，並開始接手永佳汽車商行的經營。

所謂隔行如隔山，除了許多汽車相關專業知識需要學習外，對於陳建州經理而言，更不適應的是產業特性—因為顧客平日都要上班，所以週一到周五生意較為平淡，服務通常集中在假日，然而習慣忙碌的陳建州經理便運用空閒時間，增加自身專業，也增加永佳汽車商行的服務，例如：提前完成前置作業，縮短交車時間，提供顧客更便利且快速的服務。

以最高誠信與最佳服務，提供客人最安心保障

永佳汽車商行提供二手車買賣，也有提供汽車基本保養維修、板金烤漆、汽車美容改裝，甚至到保險都可以幫顧客妥善處理，陳建州經理說道，除了無法提供加油服務，其他們永佳汽車商行都可以完成，讓顧客買完二手車後，仍然可以在永佳汽車商行獲得全方位服務。

陳建州經理說道，在二手車市場常常遇到的問題就是「空氣車」，為吸引目光而在網路刊登價格十分優惠二手車，等客人實際到現場後，便稱已經賣出轉而推銷其他車款，更惡劣的甚至會更換零件從中牟利。

永佳汽車商行經營理念就是以「誠信」和「服務」，給每位客人最安心的保障，提供合理

新到夥伴　　　　　　　　監理站過戶　　　　　　　　永佳汽車創辦人接受 2018 年模範父親表揚大會一隅 (右二)

的二手車價格，也有提供後續維修保養等服務，這讓永佳汽車商行與顧客關係更為密切且永續。

前進的動力，來自客戶肯定與信任

永佳汽車商行的信任口碑，從上一輩開始到陳建州經理經營，不曾改變。讓陳建州經理對於「好口碑」有更深體悟是一位曾到永佳汽車商行購買二手車的車主，二十年後帶著孫子來買二手車，這讓陳建州經理深深感受到，好的誠信與服務，竟然可以影響顧客這麼久，也更加體認到他的重要性。

當然，陳建州經理隨著科技進步，透過經營社群 Facebook 粉專及 LINE 群組宣傳，將永佳汽車商行服務讓更多人知道外，也創造「機緣」！陳建州經理說，有一位透過社群聯繫的顧客，近兩年時間的互動建立信任感，後來顧客有買車需求時，特地北上看車並現場下訂，這也讓陳建州經理十分有成就感。

耐得住苦，才能挺住一切困難

對於永佳汽車商行的經營，陳建州經理期望能繼續好好經營，以百年老店為目標，在中期目標，陳建州經理看好進口車市場，也規劃提升進口車

二手車買賣，長期來看能源車也將是未來趨勢，永佳汽車商行也會順應市場趨勢，推動多元車種的買賣，像是電動車、能源車等。

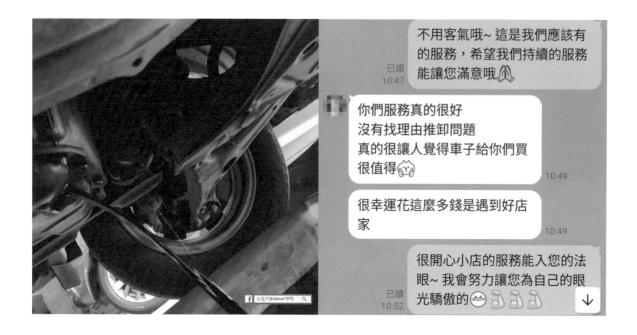

陳建州經理給想創業的讀者建議：

1. 對於產業至少需有五六成的熟悉，可以減少創業時遇到困難與艱辛的辛苦路
2. 隔行如隔山，運用經驗與資源去拓展
3. 耐得住苦，學習當老闆與員工不同心態轉換

永佳汽車商行｜商業模式圖

 重要合作

· 二手車買賣

 關鍵服務

· 二手車買賣
· 保養維修
· 板金烤漆
· 汽車美容
· 汽車改裝
· 驗車過戶
· 車險辦理
· 報廢處理

價值主張

· 永佳汽車商行經營理念就是以「誠信」和「服務」，給每位客人最安心的保障，提供合理的二手車價格，也有提供後續維修保養等服務，這讓永佳汽車商行與顧客關係更為密切且永續。

客戶關係

· 二手車買賣
· 汽車全方位服務：保養、維修、鈑烤、驗車、過戶、報廢、車險

客戶群體

· 二手車需求
· 汽車保養服

 核心資源

· 二手車市場
· 汽車零件維修專業

渠道通道

· 服務人員
· 粉絲專頁

成本結構

· 營運成本
· 人事成本
· 設備採購與維護

收益來源

· 二手車買賣
· 汽車保養服務

 TIP

※ 前進的動力，來自顧客的信賴
※ 耐得住苦，才能挺住一切困難
※ 以提供客人最佳服務為宗旨

創業 Q&A

1. 生產與作業管理

開發 / 溝通過程什麼事情發生最令人害怕？

在經營當中，與客戶的溝通最不響遇到以購入新車標準來要求二手車，所以會盡力去與客戶溝通，教育客戶，使生意能成交！

2. 行銷管理

從客戶第一次接觸到成交，一段典型的銷售循環是什麼樣子？

目前公司是在 FB 上有自己的自己的粉專，尚未有其他廣告通路，以因應成本的管制達到合理的二手車價；第 1 次接觸到成交，典型的模式是 1. 看車 2. 說明介紹 3. 試車驗證 4. 確認最終價格 5. 完成過戶辦理

3. 人力資源管理

團隊的協調如何執行？有特別下功夫在這塊嗎？

短期內暫無人力需求，團隊的協調主要是以新舊觀念轉換以及工作的無縫交接，使對客戶的承諾一致；未來在團隊中會增加維修檢查項目，使得服務客戶更加迅速！

4. 財務管理

成長增速可能會遇到哪些阻礙？

目前是以銷售為主要獲利模式，伴隨著服務提升使得獲利能穩定，未來成長會遇到的阻礙是二手車型態的轉變，而這方面的知識也必須與時俱進，不可墨守成規僅限於特定種類的二手車。

永佳汽車商行

FB：永佳汽車 since1972

電話：06-7220532

臺南市佳里區延平路 459 號

玄羽人文信息科技有限公司

張羽瑄 Gina chang
創辦人

掌握頻率、掌握人生——玄羽人文

「玄羽人文信息科技」總經理 - 張羽瑄（Gina）形容，創立玄羽人文來幫助他人，是冥冥之中注定，上天賜予的使命。

經過七年的臨床實驗，看到幼兒園裡的自閉症孩童、遲緩兒的轉變；在養老院看到住院者的進步及人際關係的改變，Gina 在創業路上堅持著助人的信念。玄羽提供各式能量科學工具，快速讓人們找回「生命力」，創造出屬於自己的生命奇蹟。

創立品牌、分享經驗、提倡預防

張羽瑄總經理 Gina，2012 年遇到現在的丈夫張正光總經理，運用丈夫已研發二十年的科技技術，打造出能為人們調整身心振動頻率的儀器，開啟獨創療癒系統，幫助人們達到全面健康。

起初，進到公司裡，除了改革傳產工廠的電路加工版，同時與丈夫研發、推廣「振動頻率」、「更新細胞」、「環境空間能量」等科技調頻工具。Gina 過去即投入研究自然療法、身心靈相關療癒系統；形容遇到丈夫是冥冥之中、

上天賜予的任務，替 Gina 完成一直以來的心願：幫助身心受困者、解決人們心底的困難。至今，母公司榮笠企業成立 33 年，不但擁有台灣及中國專利認證，也通過ＳＧＳ、原子能委員會檢測，更在 2021 年榮獲台中市政府 - 創新技術獎。2018 年創立玄羽人文信息科技公司，發展行銷通路，4 年便獲得國際華人公益節［金傳獎 - 誠信品牌獎］。其文化部 - 五次元心家 - 更獲得［華人第一品牌］，更得到全球 12 個國家的會員見證及響應。

改善健康，需全方面著手

Gina 表示，玄羽人文的品牌理念是「家庭重建」、「人本自然」，期望不管是因為心理或生理而受苦，都可以透過玄羽的協助，恢復到健康狀態，進而邁向富足生活；而企業精神講求「溫暖、專業、共享」，透過會員互助的關懷、專業的分享，達到資源、能量、頻率能正向循環於人與人之間的狀態。

Gina 強調，玄羽的會員制度與傳統經營不同，玄羽講求會員間的售後服務與陪伴，加入會員後，可獲得專屬 youtobe 頻道會員訂閱課程 -NiNi 能量心理學導師頻道，透過會員間頻繁的交流與分享，更清楚如何運用玄羽產品

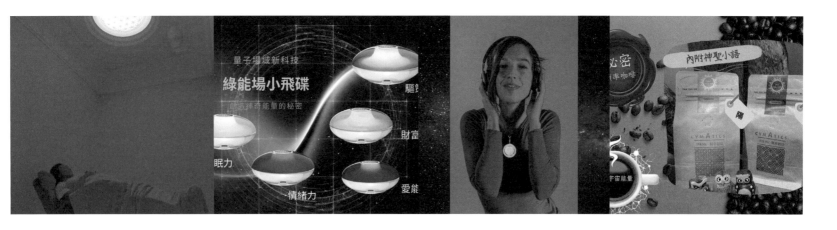

達到調頻、身心靈合一的健康狀態。

而加入會員，透過教育訓練與參與課堂時數，可以成為玄羽的專屬身心調頻顧問，達到 [自立利他]、[自覺覺他]，成為高級的靈魂，享有公司的分潤系統，擁有豐沃的第二份斜槓收入。Gina 分享，許多民眾因為親身體驗過，見證效益甚大，所以一開始先參加會員，再從會員升級顧問，可見玄羽人文透明且清楚的升遷機制及深度的教練式培訓。

助人也是助己，與個案一同分享喜悅

提到非常有成就感的一個案例，Gina 分享，曾經遇過一對夫妻，先生是音樂家，妻子是民宿女主人，各方面條件看似十分登對的佳侶，卻隱藏不為人知的痛苦。先生擁有暴力傾向，時常對妻子施予暴力，這樣的狀況已持續一年半之久，妻子長時間忍受丈夫，也找盡各種方法，實在無解便

前來尋求 Gina 協助。透過玄羽的配戴式調頻裝置，穩定了周遭環境能量場，第五天後，妻子講述丈夫不再對她施以暴力、情緒也獲得掌控，這件事對 Gina 是大大的鼓勵，原本愁眉苦臉的妻子，現在能展顏歡笑與 Gina 暢談、維持家庭和諧，Gina 相信，玄羽能幫助個人、從而幫助到對方的家庭。三個月後，Gina 詢問先生，這段時間有什麼感受？情緒上的轉變怎麼可以如此巨大？先生說明，過去在與妻子對話時，總覺得妻子的聲音的頻率相當刺耳、尖銳，以致於無法控制自己的行為、釀成大錯，就如同自己的父親一樣，有同樣的症狀，而調頻後，這些聲音對他不再造成困擾，也能好好的跟妻子對談了。

企業躍升關鍵　信念創造實相

而說到創業期間的挑戰，Gina 回憶起 2016 年時，公司的本業 - 傳統電路板訂單銳減到零，而這個時候，新創的調頻裝置仍然在研發當中，公司的

資金已所剩無幾，Gina 不願看到與丈夫多年來研發的科技與助人的本願付之一炬，就像是創業初期，一切冥冥之中皆有安排，Gina 在某次的夢境，接收到指示須特別研發財富頻率，在這燃眉之急之際，Gina 與丈夫立刻著手研發，不到三個月即收到來自上海的訂單，成功度過此次資金難關。

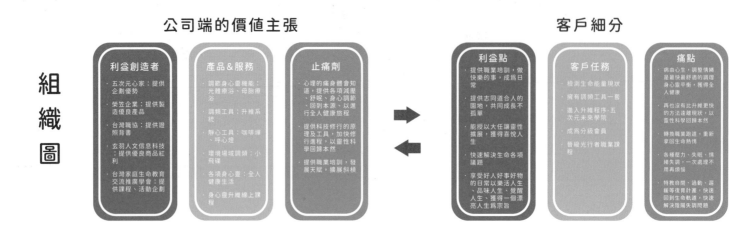

公司端的價值主張　　　　　　　　　　　　**客戶細分**

組織圖

利益創造者	產品&服務	止痛劑	利益點	客戶任務	痛點
・五次元心家：提供企劃優勢	・調節身心靈機能：光體療浴、母胎療浴	・心理的痛身體會知道，提供各項減壓、舒眠、身心調節、回到本源、以進行全人健康旅程	・提供職業培訓，做快樂的事，成爲日常	・檢測生命能量現狀	・病由心生，調整情緒是最輕鬆舒適的調理身心靈平衡，獲得全人健康
・榮笠企業：提供製造優良產品	・調頻工具：升維系統	・提供科技修行的原理及工具，加快修行進程，以靈性科學回歸本然	・提供志同道合人的園地，共同成長不孤寂	・擁有調頻工具一套	・再也沒有比升維更快的方法讓離現狀，以靠性科學回歸本然
・台灣職協：提供證照背書	・靜心工具：咖啡禪、呼心燈	・提供職業培訓，發展天賦，擴展斜槓	・能授以大任讓靈性擴展，獲得喜悅人生	・進入升維程序-五次元未來學院	・轉換職業跑道，重新掌回生命熱情
・玄羽人文信息科技：提供優良商品紅利	・環境場域調頻：小飛碟		・快速解決生命各項議題	・成爲分級會員	・各種壓力、失眠、情緒失調，一次處理不用再煩惱
・台灣家庭生命教育交流推廣學會：提供課程、活動企劃	・各項身心靈：全人健康生活		・享受好人好事好物的日常以樂活人生、品味人生、覺醒人生、獲得一個漂亮人生爲宗旨	・晉級光行者職業課程	・特教自閉、過動、遲緩等復育計劃，快速回到生命軌道，快速解決陰陽失調問題
	・身心靈提升線上課程				

覺察動機、內求進步、利他助人

玄羽人文所屬文化部-五次元心家，因應時代及網路變革，將資源及課程全面線上化，讓會員不受時間及地點限制，讓全球的會員，隨時隨地都能上課、會議分享、接收訊息，而付費課程裡的內容，是以傳授技術、技能爲主，並獲得台灣職協認證爲職業證照，身心靈諮詢顧問培訓及情境療癒師證照課。讓會員學習完課程即能與生活接軌，運用於生活周遭。目前也在北中南設立［光體療癒服務站］，提供身心靈懶人包課程，例如植物療癒、靈食課程、生活美學…等，透過社區、里民間的凝聚力Gina也接任台灣家庭生命教育交流推廣學會，推廣心靈社區化的教育工作，讓大眾也能有機會以生活化、親民的方式接觸心靈療癒，進而提升身心能量狀態及健全家庭關係。玄羽人文正以企業之姿，達成穩定社會和諧爲職志的創業目標。

立足台灣，放眼世界，建立夢想國度

因應全球疫情，Gina當機立斷將線下課程轉型成爲線上身心靈健康整合平台。以OMO商業模式，整合縱向，線上/線下會員服務，橫向，連結身心靈與大健康產業聯盟。2023年於台中市成立旗艦館-經英群幸福門，有效發展及擴大直營門市、定期舉辦產業菁英們的咖啡會議，各項身心靈療癒系服務及培訓的實體基地，預計發展全省319個鄉鎮據點，將虛實整合到門市，促進地方職業發展及自然療癒系的服務。其中台中門市的母胎療浴，更是Gina親自服務，有原生家庭議題的婦女，期望透過拔根自靈魂底層的痛點，快速提升，進而發展自己的精彩人生。
Gina將過去在社會局的社工精神，帶入企業，以永續經營的商業模式，結合高科技、人文教育、共生聯盟的方式，打造一個可行的全球夢想國度，這個國度響應聯合國17項永續發展的12項議題，期待更多優質的人及產業一同打造彼此心裡的天堂。

十二項永續發展

玄羽人文信息科技與文化
部 - 五次元心家，著手邀
請會員、共生聯盟，一起
組建身心靈健康產業鏈，
一起愛地球，並人與人之
間，把愛傳下去為終極目
標。

重新定義所謂成功 - 身心
靈全方位健康才是真正的
成功。

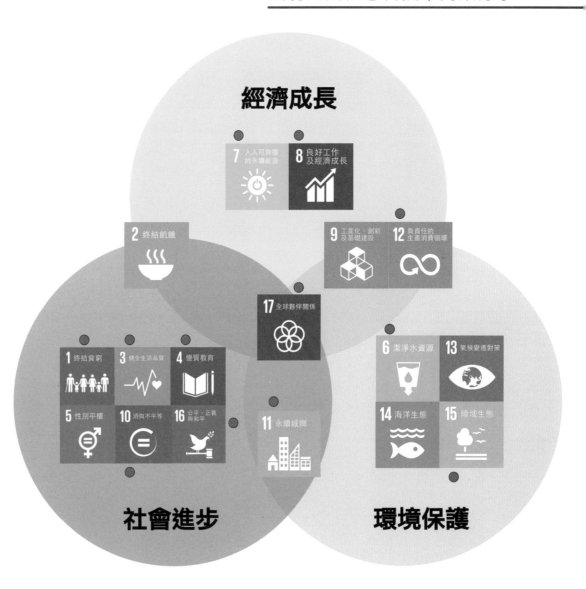

玄羽人文信息科技｜商業模式圖

重要合作
- 原子能委員會檢測
- SGS- 無重金屬檢測
- 台北經貿科技發展協會
- 台中市政府技術創新獎
- 台灣職工職業培訓協會
  BNI 國際商會

關鍵服務
- 升維調頻商品
- 科技禪冥想
- 五次元體驗空間
- 未來學院課程
- 光行者顧問培訓

價值主張
- 透過調整振動頻率 - 更新細胞，優化環境空間能量學等科技工具，快速讓人們「拿回生命力」，創造出屬於自己的生命奇蹟。

客戶關係
- B2B
- B2C
- OMO
- 共生聯盟

客戶群體
- 女性
- 企業主
- 大健康產業
- 身心靈工作者
- 非侵入式改善健康

核心資源
- 二十年的研發經驗、臨床實驗
- 廣大會員支持
- 提升身心振動頻率
- 專利靈性科技
- 獨家升維課程系統
- 身心靈健康整合平台
- 信息科技研發技術
- 全省社區服務中心

渠道通道
- 實體店面
- 官方網站
- 媒體報導
- Line 官方帳號
- 數位行銷
- BNI 商務組織

成本結構
- 營運成本
- 人事成本
- 設備採購與維護
- 門市營運

收益來源
- 商品收益
- 廠商合作利潤
- 課程收益

TIP

※ 掌握頻率就掌握生命。
※ 玄羽不做療癒，玄羽做的是：創造生命的奇蹟，客戶的幸福就是我們的成功。

創業 Q&A

1. 行銷管理

從客戶第一次接觸到成交，一段典型的銷售循環是什麼樣子？
當培訓領取證照的光行者 - 身心調頻顧問，接觸個案時，會給予一份情緒能量檢測表 - 升維導航，觀看從出生到現在的意識能量狀態表。依照此份表格進行小飛碟的頻率配置，然後就開始了身心靈調頻的歷程，並於一個月後進行拿回內在力量的課程：信念的秘密 6 把鑰匙，此時內在智慧會提升一個維度，自生智慧，更容易成功。打造整套升維系統服務旅程，盡享會員福利。

2. 研究發展管理

公司的智財是怎麼發展的？
公司全商品皆為自有專利產品，從 2013-2019 年歷時 7 年的研發歷程，每年針對自閉症等特教生及憂鬱症、學生專注力、失衡家庭關係及老人失眠等智能優化等，於自然療法論壇發表論文並出版。目前與大健康產業進行身心靈整合療育，並以實驗型企業面向，落實自然能量療法，於居家就能使用之輔助醫學面相邁進。

3. 財務管理

目前該服務的獲利模式為何？
公司以服務代替銷售的方式進行商業模式。 每一筆交易，是以專門人員陪伴升維程序，加上會員的福利就是每一堂身心靈課程都是滿滿的乾貨及超優惠的課程價格，以改變彷間身心靈課程的高額費用。再加上各地有線下的五次元空間站，進行會員服務的情境療癒服務，以及五次元生活圈跨境電商裡的共生聯盟商品交易，以商品、課程及服務為獲利模式。

玄羽人文信息科技

電話：04-25355297
https://www.hy-awave.com
台中旗艦館：經英群幸福門
台中市南屯區大墩十七街 10 號

Chapter 2

黃崇愷
執行長

1. 用心細心 . 專注製作每顆義齒 2. 全欣美牙體技術所團隊 3. 全欣美參與艾培歐繼續教育中心年度課程與講師 Javier Tapia Gusdix 合影

數位專業、與臨床接軌—全欣美數位牙體技術所

「全欣美數位牙體技術所」執行長 - 黃崇愷，高中就讀設計科系，希望嘗試不同領域的黃執行長，大學選擇中臺牙體技術暨材料系。畢業後在牙體技術所就業的黃執行長，發現數位設備為牙體技術師帶來的便利與效率遠遠大於傳統，更為醫 . 病 . 技三方帶來諸多優勢，因此黃執行長便決定自行開業，創立「全欣美數位牙體技術所」，以牙科數位科技為發展重心，力求為醫師、患者與技師帶來更有效率、更高品質的服務。

觀察時代變化，
意識數位趨勢必要

當時大學正攻讀牙體技術時期的黃執行長，於求學階段即進入牙體技術所實習，那時牙科使用數位設備的風氣正在萌芽，黃執行長便觀察到未來與數位科技結合之趨勢與必要，然而，在與多數牙技師前輩請益後，便發現大多投入數位化學習的意願不高，較傾向沿用現有類比式的模式製作，也因此，黃執行長便決定要親自更加深入的去了解牙科數位知識與技術的應用，並於創立「全欣美數位牙體技術所」後，結合數位化義齒製程，提升製作之效率與精準性，成功為牙體技術所開創新氣象，如今更積極投身校園教學現場，培育有意踏入數位牙技領域的專業人才。

高效、精準，
數位應用帶來「三贏局面」

「全欣美數位牙體技術所」有別於大量仰賴人力製作的傳統技術所，其廣泛的應用牙科數位設備及技術，包含數位掃描、Digital Smile Design(DSD)、五軸加工機、3D 列印機、臉部掃描儀等設備，利用數位化的優勢，使交付的義齒品質穩定，更大幅提升製作效率及精準度。藉由最尖端的數位技術，全欣美能夠在最短的時間內完成複雜的義齒重建。這不僅節省了醫師寶貴的時間，更確保了患者能夠在最短的時間內享受到完美的笑容。

數位技術的應用不僅提供了高度精準的義齒，還能夠根據每位病患的獨特性定制最合適的義齒方案。這樣，不僅能為醫師提供最符合患者期待的成果，還能夠確保製作出的義齒是透過數位科技溝通後充分達成三方的共識。數位化最重要的不只為醫師帶來便利，同時也為患者、技師帶來「三贏局面」。

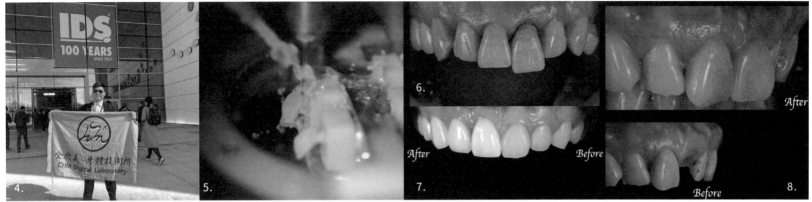

4.黃執行長至科隆參與 IDS 展 5.貼片加工 6.DSD 美白貼片術前與術後 7.全欣美全瓷冠 8.全欣美全瓷冠術前術後

病患獲得了最佳的治療效果，醫師節省了寶貴的時間和精力，而全欣美則得到了滿滿的滿意度和信任。這種三方共贏的局面，不僅提升了患者對醫師的信任度，還為醫師／診所帶來了更廣闊的發展空間。

黃執行長形容，數位化的應用，技師有更多的時間可利用，醫生與技術所的溝通更暢通無阻，「全欣美牙體技術所」也有更多的時間與心力製作好每個交付在手上的義齒。

把每一顆牙齒，都視爲自己家人的牙齒

「全欣美數位牙體技術所」已邁入第五年，如今穩定成長、擴編，相較現今的亮眼成績，說起創業初期遇到的挑戰，卻為黃執行長帶來莫大的挫折。剛創業時，正值家中寶寶出生、購入房產，初期的資金周轉錙銖必較，甚至曾經一度因為人力調度，差點導致公司經營不善，所幸黃執行長即時發現問題，解決資金及人力缺口，才安然度過危機。

而說到支持，黃執行長一路過關斬將、突破挫折的動力，來自客戶最直接的回饋與夥伴的支持。數位化帶來的精準度與效率，大受客戶好評，節省時間也提升裝戴舒適度。還記得有一次印象深刻的是，收到一位醫師託付的 caes，醫師說這名患者長期以來已經看了很多家的診所與不同的醫師，但對於自己的微笑仍很不滿意，不喜歡露齒微笑，在全欣美團隊的努力下，與醫師和患者透過數位影像的模擬和細心試戴、調整，最終成功的讓這位患者從此敢展延歡笑，而且更喜歡笑了。把每一顆牙齒，都視為自己家人的牙齒，盡心為其著想。

除了來自客戶的鼓勵帶來前進的動力，對於黃執行長而言，「技師」是全欣美另一個寶貴的資產。黃執行長回憶創業初期，與學妹兩人時常為了趕件奮鬥到半夜，對於技師的支持與付出黃執行長感恩於心。牙體師的工作時間長、較為枯燥，黃執行長希望職場環境讓技師感到舒適自在，即使長時間待在工作環境，也能像在「家」一樣怡然自得。從一開始的兩位員工，目前已成長茁壯至一個團隊。沒有團隊，就沒有「全欣美」，黃執行長感謝團隊一路以來的扶持，也是支持黃執行長繼續帶領「全欣美」的動力。

不要在該努力的年紀選擇安逸

「全欣美牙體技術所」短期目標是將人員的技術訓練更扎實，為客戶帶來穩定、品質良好之服務，再來是進行展店計畫並增加人力，讓全臺灣的客戶都能享受全欣美的服務，未來則是著手在診所端設立牙技所、教育中心，輔導傳統牙技師轉型、培訓對牙技師有興趣之新人，成立顧問單位，將過去所學技術與臨床經驗，分享給同行。

全欣美牙體技術所｜商業模式圖

重要合作
- 醫療單位 - 各大牙醫院所
- 學術機構 - 北中南牙體技
- 術科系建教實習

關鍵服務
- 強大、多元的牙體數位設備
- 整合性數位解決方案
- 前牙美學重建設計

價值主張
- 把每一顆牙齒，都視為自己家人的牙齒
- 有溫度的團隊服務，看得見溫度的義齒品質

客戶關係
- 數位溝通
- 診間規劃
- 醫技合作
- 醫技教育

客戶群體
- 牙醫師
- 牙醫診所
- 醫療中心
- 牙科院所
- 齒科研究中心

核心資源
- 黃執行長的經營經驗
- 軟硬體數位設備

渠道通道
- 實體空間
- 官方網站
- 媒體報導
- Line@

成本結構
- 營運成本
- 人事成本
- 設備採購與維護

收益來源
- 義齒製作
- 數位設計 DSD
- 全瓷冠、BPR
- 數位植牙導引板
- All On 4 等

TIP
※ 不要在該努力的年紀選擇安逸。
※ 全欣美沒有客戶，只有夥伴。全欣美沒有員工，只有家人。
※ 每顆牙，我們都全心全意的投入，只為了讓世人欣賞你自信美麗的微笑。

創業 Q&A

1. 生產與作業管理

產品透過數位化的流程與設備，控制百分之八十以上的產品輸出良率！控管品質，取代人力不足與手工誤差的變因！使整體的品質與效率更加卓越、精準。

2. 行銷管理

口碑行銷一直是全欣美牙體技術所最直接的業務來源，感謝醫師夥伴熱情的引薦！同時我們會持續經營 IG、FB，新增主要網站與 APP 架設，使更多醫師了解全欣美牙體技術所使命及願景，還有主要技師主管與負責產品項目。

3. 人力資源管理

未來一年，全欣美牙體技術所目標將公司規模持續擴編，並更加優化醫技配合流程！透過新廠搬遷與培訓雙倍人力以致力於創造更多更美好的微笑！

4. 研究發展管理

在黃執行長的藍圖中，目標將公司規模擴大至五十位以上，配合牙技數位化的趨勢，完善各軟硬體運用至淋漓盡致。

5. 財務管理

全欣美牙體技術所目前服務涵蓋多項數位製程項目，包含結合面掃之數位微笑設計、美白貼片、全瓷冠、數位植牙導版、AllOn4 等義齒相關項目，歡迎有興趣的醫師夥伴與我們聯繫，我們將會有專人與您接洽客製化配合模式！

我獨創業，獨角

UNI ORN
UNI ORN
UNI ORN
UNI ORN

全欣美牙體技術所

• LIVE ▶

電話：0902302168

FB：全欣美牙體技術所

IG：CHM_DENTALLAB

索雷博光電
股份有限公司

劉禹成 Yu CHENG Liu
執行長

觀摩 2022 智慧能源週 / 觀摩 2022 智慧能源週 / 員工福利歡迎歡送會 / 員工福利歡迎歡送會

爲地球盡一份力，向企業推動太陽能系統規劃安裝服務

劉禹成，索雷博光電股份有限公司創辦人。憑藉對能源議題的興趣，創立索雷博光電，開展太陽能系統規劃安裝服務，除了為業主帶來穩定收入外，亦協助其樹立企業節能減碳的綠色形象，並以上市櫃為目標，期許在全球積極發展綠電的趨勢下，拓展業務至海外市場。

研究能源趨勢，創業挖掘台灣潛在的太陽能商機

過去旅居加拿大的劉禹成，十分關注能源相關議題，回到台灣後，跟隨經營建設和營造生意的父親學習，發現在台發展太陽能產業的潛在機會，故決心創業，成立索雷博光電股份有限公司。他也分享將公司取名為「索雷博」光電的原因，「索雷」取自於法文「Soleil」，有「太陽」之意，而「博」則是取自於英文「rich」。

協助企業樹立綠色形象，致力於讓環境更美好

「為地球盡一份力，為子孫留下更美好的未來」是索雷博光電的品牌核心價值，在全球暖化和極端氣候問題漸受人們所重視的趨勢下，索雷博光電致力於讓環境變得更美好，並協助企業建立綠色形象和進行節能減碳活動。劉禹成表示，索雷博光電並非以銷售產品的方式營利，而是在閒置的屋頂上鋪設太陽能板，將太陽能板所生產的電力銷售給台電，銷售合

約的時長一般為 20 年，對業主來說，除了保障 20 年的穩定被動收入，亦可使室內降溫達 3 至 7 度，協助企業樹立節能減碳的綠色形象，並於 ESG 領域加分。

在公司經營方面，劉禹成分享，他的經營理念以「團隊」為主，身為 Leader 的他將帶領團隊去完成各項目標，這樣的經營方式使得團隊的相處模式就如家人和朋友一樣，能夠互相分享生活大小事，並在於遇到困難時，一同討論和解決。

太陽能板定期清洗 / 防水施工 / 完工全景 / 支架安裝

從零開始、無畏挑戰、從挫折中記取教訓

對沒有創業經驗的劉禹成而言,創業初期面臨許多挑戰,包含如何開發新案場、如何回覆業主的各項提問,以及如何在沒有太陽能產業背景的情況下學習法規面、施工面和技術面等應用。儘管辛苦,劉禹成並未輕言放棄,他表示,每個案件所牽涉到的事情都不盡相同,而且複雜度高,但當他把一件複雜的事情由規劃、執行到最終完成時,會令他感到十分有成就感。

創業路上並非一帆風順,劉禹成亦分享他所遭遇到的挫折和教訓。他談到,他曾於創業初期至雲林開發太陽能案場,當時的他以建立品牌和人脈為目標,提供優渥的條件給業主,然而業主卻把

索雷博光電所提之條件與其他廠商比較,原本有把握成交的案子淪為業主與他人協商的籌碼,令他感受到深刻的挫折感。有了這份經驗,劉禹成反思,不應為了追求案件成交而降低自身的條件,應強調品質而不是削價競爭。

整合資源、積極執行創業計畫,在行動中讓夢想更清晰

針對索雷博光電的短、中、長期計畫,劉禹成提到,短期內將以開發更多大型地面型和水面型的案場為目標,並開展與同業的合作計畫,亦希望透過教育、知識分享的方式,讓更多民眾了解正在發生的極端氣候,以及台灣近期備受關注的缺電議題;中期以拓展索雷博光電的品牌形象為目

標,計畫與會計師和律師討論可讓民眾一同參與太陽能投資的方案;長期則著眼於推動公司上市櫃,並有到海外設立子公司的規劃。

而對於想要創業的年輕人,劉禹成認為「團隊」和「時間」至關重要,生活在一個資訊非常透明的時代,年輕人不需攬下所有事情,他建議整合資源,並找到「對的人」一同完成創業項目。而「時間」亦是創業路上的寶貴資源,思考時間過長將有可能錯失市場和機會,他也說道:「在創業之前,這個夢想都會非常的模糊,但在過程中,夢想將會越來越清晰,因此最重要的事情是執行和行動,你將會漸漸發現自己是在對的方向。」

重要合作

- 供應商
- 承裝工班
- 經濟部能源局
- 台電
- 工業局
- 地政士
- 法務

關鍵服務

- 太陽能系統設計規劃安裝服務
- 為業主解決建築物及土地相關問題

價值主張

- 一站式太陽能系統架設服務
-
- 為企業樹立節能減碳的綠色形象，協助企業在 ESG 領域加分

客戶關係

- 長久合作夥伴關係
- 專案服務

客戶群體

- 擁有閒置屋頂及土地的業主
- 用電大戶
- 畜、牧業
- 養殖業
- ESG 永續轉型的企業

核心資源

- 太陽能法規專業知識
- 工程相關技術
- 業務開發

渠道通道

- 官方網站
- Social Media
- Line@ 官方
- 口碑行銷

成本結構

- 營運成本人事成本
- 行銷費用
- 太陽能案場投資及維運費用
- 專案資金投入

收益來源

- 服務收入
- 售電收入

TIP

※ 不應為了追求案件成交而降低自身的條件，應強調品質而不是削價競爭。

※ 創業之前夢想都是模糊的！但過程中將會越來越清晰，因此最重要的是執行和行動，你將會發現自己是在對的方向。

創業 Q&A

1. 人力資源管理

未來一年內,對團隊的規模有何計畫?

短期目標以拓展太陽能業務為重心,鞏固品牌形象,強調品質、服務、專業之價值傳遞,並環繞 ESG 策略推動營運管理,逐步延伸建立儲能、風力、碳權等部門,提供全面性的綠能及環境永續服務。

2. 研究發展管理

公司規模想擴大到什麼程度?

以上櫃、上市為長遠目標,邁向集團式管理。

3. 財務管理

目前該服務的獲利模式為何?

配合中央政策,攜手公、私部門單位,提供太陽能系統整合專業,包含施工、規劃、設計等服務,並售電於台電;另因應企業永續轉型需求,培育 ESG 顧問,延伸提供相關服務。

索雷博光電

FB:索雷博光電

電話:(04) 2452-5199

台中市西屯區上明一街 56 號 1 樓

冠立機械

黃仲綾 Joyce Huang
總經理

冠立機械 - 參加潭雅神協會 / 冠立機械 - 參展照片 / 冠立機械 - 公司活動 / 冠立機械 - 民視採訪

用熱忱和堅持，淬鍊出一番天地—冠立機械企業

黃仲綾，冠立機械企業總經理。原本在機械公司擔任業務的黃仲綾總經理，因受到疫情影響，萌生創業的念頭。運用在機械產業累積十多年經驗與人脈，一步一腳印，將冠立機械企業的主力產品空、水、廢過濾設備—油霧回收機、油水分離機、底屑機慢慢地拓展出去。在冠立機械企業穩定成長下，期盼能協助臺灣金屬加工業，走向金字塔頂端。

不同人生階段，
該突破自我立下一個里程碑

黃仲綾總經理，畢業後一直在機械領域深耕。一開始任職於機械業廣告公司，而後成為機械公司業務，前前後後在機械產業累積近 20 年深厚根基。在受到疫情影響衝擊，讓黃仲綾總經理不禁思考是否該給自己一個新挑戰，更加珍惜且活在當下！因此開啟了創立人生里程碑的創業之路。

黃仲綾總經理提到，在傳統產業機械領域中，遇到的同事、客戶甚至同業都十分有人情味，

能在工作中獲得滿滿成就感，所以遇到困難時總可以堅持下去！因為沒有放棄，持續在機械領域中累積的經驗與人脈，都成為黃仲綾總經理創業時不可或缺的動力與養分。

TOP POWER 邁向頂尖人生
冠立陪你走

冠立機械企業提供金屬加工業空、水、廢的過濾設備，協助工廠在製造過程中降低環境污染，也能同步保障員工、業主在安全無污染的工作環境下作業。主力商品為油霧回收機，

能夠過濾空氣有毒物質，油水分離機能解決廢水中汙染物，避免影響到農田而造成有毒農作物，以及金屬廢料處理的底屑機。

黃仲綾總經理說到，臺灣的金屬加工業擁有頂尖技術，許多廠商都是世界隱形冠軍，有著其他國家望塵莫及的技術，黃仲綾總經理希望能提供更完善的過濾設備，陪伴公司每位客戶，走向金字塔頂端，就如同冠立機械企業英文 — TOP POWER，給予更強後盾，讓金屬加工業發揚光大。

即使有反對的聲音，請堅守信念繼續努力

剛進產業時，遇到一位客戶長期在金屬加工環境下，手部過敏非常嚴重，而在使用黃仲綾總經理公司所提供的過濾設備後，過敏症狀獲得改善，也與客戶建立更深厚情誼，黃仲綾總經理也了解到一在金屬加工產業中，過濾設備是多麼重要，推廣小工廠也能負荷的價格，保障人員健康外，也能同時守護環境，是讓黃仲綾總經理堅持在機械領域深耕主要動力。

而在創業初期，不免會收到許多的質疑與提醒，聽到這些話，黃仲綾總經理坦言，是曾動搖過，也會懷疑自己。離開熟悉的前公司，頓時沒有了資源，一切事務只能靠自身慢慢摸索與努力，但是，因為沒有輕易放棄，而是努力堅持下去，給予客戶信心，熬過前三個月後，冠立機械企業開始有了新合作機會。

用熱忱深耕專業，把挫折當成養份

對於冠立機械企業的經營，黃仲綾總經理有著明確的目標與藍圖。短期目標將透過公司夥伴努力，讓臺灣每間金屬加工廠都可認識到冠立機械企業，提供完善事前規劃、提供良好的產品品質與服務；中期則希望透過宣傳與口碑傳遞，穩定公司的營收；對於長期目標而言，黃仲綾總經理希望能善盡企業責任，回饋社會，像是透過產學合作，免費提供過濾設備減少現場人員因汙染而造成的身體損傷，對環境與人都是有正向幫助。

對於想創業、踏入機械產業努力的人，黃仲綾總經理分享幾個建議：

1. 找到自己有熱忱、能獲得成就感的事，並且深耕在這個產業。
2. 把工作的挫折當成為養分，是旁人無法取走堅固基底。

找到自己熱愛的事業並持續努力，總有一天也能像黃仲綾總經理一樣，開創屬於自己的夢想藍圖。

冠立機械企業社 ｜ 商業模式圖

 重要合作
- 金屬加工業

關鍵服務
- 油霧回收機
- 油水分離機
- 底屑處理機
- 碳足跡盤查
- 企業節能減碳規劃書

價值主張
- 提供更完善的過濾設備，陪伴客戶走向金字塔頂端，如同冠立機械企業英文 — TOP POWER，給予更強後盾，讓金屬加工業發揚光大。

客戶關係
- 產品服務

客戶群體
- 金屬加工廠

核心資源
- 機械產業
- 過濾技術

渠道通道
- 官方網站
- 業務人員

成本結構
- 營運成本
- 人事成本
- 行銷成本
- 設備採購與維護

收益來源
- 產品
- 服務

TIP
※ 即使有反對的聲音，仍要堅守信念
※ 給予真心話的建議，才是真的交心
※ 把工作的挫折當成為養分，是旁人無法取走堅固基底

創業 Q&A

1. 生產與作業管理

如何精準的執行在目標上？

只專注於自己的客戶需求，任何工廠生產過濾問題，都是我最關切也熱衷的，目標在於如果把客戶的問題都解決了，服務用心到客戶認同了，那我們就多一個客戶願意幫忙介紹的資源，公司才能成長茁壯。相對的，客戶問題忽視了，只關切買不買單，服務草率，客戶不但不買單，還幫忙宣傳不能找這個公司，不能找這個服務人員，踩雷唷！那我們公司一定不可能成長，只會越來越縮小，因此，把每一位客戶照顧好，是我的執行目標，也是我認為企業成長不二法則。

2. 行銷管理

目前行銷採線上線下並行，實際走訪每一位來電或客戶介紹的客戶；線上就是不停止投入廣告預算，分別經營在網站 SEO，關鍵字廣告，FB 社團 po 文增加曝光率，編輯影片上傳 youtube 影片頻道，並同步分享到 tiktok,ig 平台。

3. 財務管理

成長增速可能會遇到哪些阻礙？

產業的景氣是最直接的阻礙！當海，空，運都正常運作；[食，衣，住，行，育，樂] 是正常循環，那我們機械製造產業的發展會一直往上走，我們機械配備公司的營運得以更上一層樓。

我獨創業，角
UNIKORN
UNIKORN
UNIKORN
UNIKORN

冠立機械企業社

● LIVE ▶

https://www.toppower.com.tw

電話：04-23910931/0907 672 681

台中市太平區新興二街 56 巷 37 號

MORE MORE FUNDS

茉茉國際商業發展股份有限公司

方苡銨 Momo Fang
執行長

創業家的夢想孵化器—茉茉國際商業發展股份有限公司

方苡銨 (Momo)，茉茉國際商業發展股份有限公司的執行長。茉茉國際長期致力推動中小企業補助申請，讓擁有發展性的企業獲得資金支持，在創業之路不斷前進。

運用自身專業，幫助更多人

成立茉茉國際的起因，充滿了緣分與機會。Momo 從澳洲攻讀完工業設計博士學位後，至文化大學任職教授，剛好適逢暑假，因此校方安排 Momo 至創新育成中心任職先熟悉校內事務與流程。而後 Momo 被委任負責校方中小企業政府補助的輔導顧問，當時校方期望 Momo 能運自身學經歷來協助。但是對於 Momo 而言，是相當有挑戰的，畢竟與撰寫論文著重在「未來發展」不同，補助計畫書更著重在「立即能執行的營運計畫」。

面對困難挑戰，Momo 多問多學勤勉態度，獲得主管與前輩的經驗指導，加上累積的學術經驗，成功幫助中小企業申請到百萬、千萬的補助計畫，也因為亮眼表現讓 Momo 獲得企業主的青睞，經歷幾次挖角任聘後，Momo 不經思考：「與其每次只能協助一個品牌或企業，不如成立一家公司來協助更多企業獲得資金挹注，推廣自身產品。」

因此，協助中小企業補助申請的「茉茉國際」便開始展開服務。

「人是英雄，錢是膽」企業所需的創業資金，由茉茉國際協助！

Momo 創業初期，也給了自己一個目標—0元創業。因此茉茉國際也曾獲得行政院國家發展天使投資計畫的補助，這也是要企業主正向展示—「如何用創新的創意想法獲得資金挹注」。

Momo 認為—「人是英雄，錢是膽」，茉茉國際成為每位英雄 (企業主) 的膽！除了資金，茉茉國際也能提供稅務、法務諮詢，以專業服務降低企業主對於未知市場的恐懼感。

陪同企業一同成長，檢視每個創業歷程

茉茉國際在服務不同企業主過程中，也曾遭

遇失敗。面對企業主的情緒與不信任感，Momo 認為，沒有一件是絕對的，因此遇到申請補助失利情況，建立一個強健的心理去面對企業主的責難或是不信任感。面對這樣的情況，Momo 也建立事前篩選，評估成功率未過標準案件，有效降低失利情況。

除此之外，Momo 也會在合作前，告知企業主現況—目前競爭者數量、競爭者樣貌等，各項資訊充分告知後，讓企業主決定是否要執行。合作前的充分認知，讓企業主與茉茉國際合作更為緊密。

創業成功三大元素，
缺一不可—本人本事本錢

關於茉茉國際經營，Momo 期望在短期建立亞洲案例資料庫，以十五年來的相關經驗，提供企業老闆或高階主管對於營運計劃書撰寫更有邏輯與方向，更容易獲得資金方青睞；中期目前，將在歐洲設立分公司，提供企業布局歐洲市場資金或公司設立相關服務；長期目標，Momo 期望能成立台歐加速器中心，從企業創立開始，到公司設立所需流程，包含法務及稅務顧問服務，延伸至 IPO 上市櫃計畫，茉茉國際將整合成一條龍服務，企業遇到任何問題都能協助，建立他們的事業版圖。

對於想創業的人，
Momo 給也予建議：

1. 願意全心投入的心，因為創業成功與否，不是單就資金多寡而決定

2. 帶著創新的思維，觀察到趨勢與潛在商機

3. 一個勇往直前的心。

Momo 認為，創業是門藝術，創業就是一種創新行為、新的想法，那就不會有既定形式或邏輯，不要有主觀偏見與刻板觀念，以「全心投入、創新思維、勇敢的心」，茉茉國際將協助企業主，讓企業創新不再受限於資金與機會，可在夢想的舞台發光發熱。

茉茉國際，是創業者的夢想孵化器。

茉茉國際商業發展｜商業模式圖

 **重要合作**

- 協助中小企業申請政府補助

 關鍵服務

- 專業人員
- 產業經驗
- 補助申請
- 公司創業所需

 **價值主張**

- 「人是英雄，錢是膽」，茉茉國際成為每位英雄（企業主）的膽！除了資金，茉茉國際也能提供稅務、法務諮詢，以專業服務降低企業主對於未知市場的恐懼感。

客戶關係

- 創業協助
- 資金申請
- 創業服務

客戶群體

- 創業者
- 中小企業

核心資源

- 產業經驗
- 策略建議
- 財務顧問
- 法務顧問

渠道通道

- 官方 Line@
- 服務人員

成本結構

- 營運成本
- 人事成本
- 設備採購與維護

收益來源

- 補助申請服務
- 策略建議
- 公司設立顧問服務

TIP

※ 人是英雄，錢是膽
※ 創業成功三大元素，缺一不可—本人本事本錢
※ 創業是門藝術
※ 全心投入、創新思維、勇敢的心

創業 Q&A

1. 生產與作業管理

主力產品的重點里程碑是什麼？

立足台灣，前進國際，2023 年將會在捷克設立歐洲分公司，提供國際創新研發補助計畫服務，將台灣中小企業的產品透過政府補助第一桶金落地到歐洲。

2. 行銷管理

從客戶第一次接觸到成交，一段典型的銷售循環是什麼樣子？

Step1. 協助客戶評估公司產品與公司背景是否適合申請政府補助 Step2. 如果適合，進一步提供客戶適合的補助計畫標的建議 Step3. 協助客戶包裝適合的主題 Step4: 與客戶討論主題確認後，簽約開始進行專案。

3. 人力資源管理

未來一年內，對團隊的規模有何計畫？

拓展台灣到歐洲；歐洲到台灣的產品進行群眾募資服務。

4. 研究發展管理

公司規模想擴大到什麼程度？

目前已有台灣、香港公司，2030 年預計拓展總共達 10 個國家，提供從補助款、群眾募資、創投等服務。

茉茉國際商業發展

茉茉國際，是創業者的夢想孵化器

Line 官方：@569szvzh

臺北市信義區吳興街 600 巷 70 號

MR. UNICORN

曾耀緯 Mark Tzeng
執行長

陪伴孩子健康長大，守護大家的健康— MR.UNICORN

曾耀緯，MR.UNICORN 執行長。致力於醫學研究 12 年，因為小孩出生而決定創立品牌，打造健康安全的食品，因此創立「MR.UNICORN」，為了家人孩子食品把關外，更貢獻所學給社會。

致力醫學癌症治療十多年，領悟到健康就是生命中最棒的寶藏

曾耀緯，為台灣 MIT 美體保健品牌 MR.UNICORN 創辦人兼任執行長。旁人都會親切稱呼他為 Mark。深厚的醫學知識背景，到哪都是深獲敬仰及信賴的醫學博士— Mark，致力醫學研究十二年，潛心研究找尋對抗癌症的治療方法。

直到有一天，Mark 迎接另一個新生命到來—寶貝女兒的誕生，除了喜悅外，Mark 開始思考—如何讓小孩能夠吃得安全，平安健康長大呢？因為自身背景，讓 Mark 更留意市售產品的成份，忽然一個念頭閃過：何不自己動身努力，打造真正安全，讓人放心的產品呢？

與其著重身體出現問題後的治療，不如從平時打造安全的環境，維持身體健康更為重要！因此，以「君、臣、佐、使」的中醫複方理念，MR.UNICORN 品牌誕生了！為了守護小孩及家人健康外，Mark 也想將所學與經驗，貢獻一份心力給社會大眾。

誠實、科學、品質，
是 MR.UNICORN 品牌不變初衷

MR.UNICORN 核心品牌理念—誠實、科學、品質。Mark 認為公開透明呈現產品成份，是消費者權益，也是可以獲得消費者更深厚的信任感，因此誠實是品牌理念核心元素；科學，Mark 以專業帶領研發團隊，運用中醫的複方理念「君臣佐使」用科學數據驗證與調配，

將專業發揮淋漓盡致；品質，堅持使用高品質的專利認證原料，就是要給消費者吃得安心又有效！

Mark 也提到 MR.UNICORN 的明星商品—益生菌，有別於一般市售品牌，MR.UNICON 以複合配方，強化腸道環境，讓吃進去的益生菌能有更好的生長環境，扎實幫助腸道健康與消化。MR.UNICORN 另一個明星產品，也延續品牌理念，以女性需求為出發—大眾熟知的抗氧化物花青素、胡蘿蔔素等，打造用吃的保養品。

就是這樣的堅持與努力，讓 Mark 與創立的 MR.UNICORN 與其他品牌不同，走出獨特的市場定位。

堅持不懈，
總有一天大家會認可你的努力

創業初期，Mark 也遇到不少阻力。因為創業過程中不確定因素太多，家中長輩並不支持 Mark 轉換跑道，從原本穩定的工作離開，創立全新品牌。儘管如此，Mark 還是獲得太太的全力支持，帶著想給小孩健康成長的堅持，以及回饋社會的使命感，Mark 堅持並專心研究，遇到困難時也不退縮。在 Mark 堅持不懈下，品牌與產品也開始有了起色，過程中長輩也漸漸被 Mark 這份堅持所感動，也開始認同品牌理念，更會介紹資源協助品牌發展。Mark 笑著說：「堅持下去，總有一天總會認可我們的努力！」

隨著產品試販售、試體驗，Mark 收到來自親朋好友與消費的正向回饋，也更堅定讓 Mark 繼續在創業之路堅持下去。

一份使命感、一份堅持，
帶領你完成夢想

對於 MR.UNICORN 品牌未來發展，Mark 充滿信心說道：「將會針對不同需求及族群，開發更多產品種類。」短期目標會致力於更多元性產品的發展，像是促進記憶力、體力維持的保健食品，也會推出針對男性消費者產品，讓每個人都可以找到需要、合適的保健品，維持身體健康。

中長期目標，Mark 認為不該只侷限單一產品類型，因為要「維持健康」應該是多面向進行，因此將會朝健康產業努力，開發健康穿戴裝置，除了可以了解自身狀況外，也能讓在外子女時時留意與關心家中長輩的健康狀況。從保健品到健康裝置，相信未來 MR.UNICORN 將建構更完整的服務內容，實現品牌宗旨。

對於想創業的讀者，Mark 也提供建議：

創業第一步，都是從「想到」開始。然而，這就只是一個開始，如何持續執行，完整貫徹初衷與理念，才是最重要的！包含決定走的道路和執行的理念，過程中會遇到許多困難，努力堅持下去，不僅可以學習到更多，也會透過你的努力，有更多人決定支持你！

帶著使命感與堅持，堅持下去！披荊斬棘，總會有美好在後頭。就像 MR.UNICORN，以誠實、科學、品質三大品牌理念，以及一顆全心全意為小孩健康著的心，還有為社會貢獻的使命感，展現出不同且美好的夢想藍圖！

MR. UNICORN | 商業模式圖

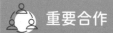 **重要合作**

· 保健產品開發
· 保健產品銷售
· 原料採購

 **關鍵服務**

· 產品研發
· 產品銷售

價值主張

· 誠實、科學、品質。
公開透明呈現產品成
份;科學,運用中醫
的複方理念「君臣佐
使」用科學數據驗證
與調配;品質,堅持
使用高品質的專利認
證原料。

客戶關係

· 產品銷售

 客戶群體

· 健康需求

核心資源

· 醫學知識
· 研發技術
· 銷售通路

渠道通道

· 官網
· 電商通路(蝦皮/
momo)
· 粉絲專頁

成本結構

· 營運成本
· 人事成本
· 設備採購與維護
· 研發成本

收益來源

· 產品銷售

TIP

※ 以誠實科學品質,作為
品牌核心理念
※ 堅持不懈,總有一天努
力會被認可
※ 一份使命感、一份堅
持,帶領你完成夢想

創業 Q&A

1. 生產與作業管理

如何精準的執行在目標上？

其實，最困難的地方在於「減少瞄準目標的焦慮」。對於我們，MR. UNICORN 獨角獸先生 來說，我們追求的是「以人為本」為目標來思考與決策，所有的執行成果都必須符合此原則。舉例來說，產品的設計開發，我們始終將目標放在「如何滿足消費者對健康的需求」，最終，我們精準開發出幫助順暢、提升腸胃道健康、皮膚健康與腦部健康等產品。

2. 行銷管理

公司社群媒體的策略是什麼？

我們對於社群媒體的態度一向是積極的，我們希望在社群媒體上呈現〝好朋友聚會〞式的氛圍，因此我們會不斷的分享新知、談論健康問題、討論我們產品能幫助改善哪些部分。這也是我們面對消費者的態度，希望以好朋友分享的方式讓消費者感受到產品的好。

3. 研究發展管理

如何讓市場瞭解你們？

「努力做，自然就有人會了解」。從小品牌出發，就像是站在跨年夜的 101 廣場前，即便花再多的力氣大聲喊也很難讓一定規模的人發現。唯有不停的從身邊的人開始傳遞出去，才有機會讓市場開始注意並了解我們。

MR. UNICORN

電話：02-7755-3648

https://www.mrunicorn.app/

FB：MR. UNICORN - 獨角獸先生

funidea

放點子數位印刷

數位印刷 x ~~___~~ 印刷

余昌展 YU CHAN CHANG
負責人

累積「軟實力」，畢業即創業放—點子數位印刷

「放點子數位印刷」-負責人余昌展，高職、大學皆就讀會計系，就學期間即開始累積創業「軟實力」，把在會計領域學習到的觀念、概念，運用在一路的創業歷程，畢業退伍後即創立「放點子數位印刷」，昌展彈性思辨的能力、居安思危的思考模式，帶領放點子數位，即使在印刷產業逐漸式微的時代，仍能突破重圍、穩定成長、持續拓店。

理解自身優勢、運用在創業歷程

大學是會計系出身的余昌展，就學期間即開始嘗試創業，卻被系上老師形容¬「不務正業」，但昌展並不這樣認為，正是因為就讀「會計系」，才有商科觀念的養成，才會習慣閱讀商業書籍，如果不是就讀會計系、如果沒有在學生時期有這樣的經歷，或許後續的創業之路並不會這樣順遂。

因為一次機車被偷竊的意外，讓昌展興起如何在最短時間內賺到錢的念頭，運用自身在學生會擔任幹部的人脈資源，結合在本科系所學到的財金概念，透過幫忙學弟妹「印刷」

文件快速的累積了人生第一份資產，也成為了昌展未來的創業基金，退伍後即創立¬「放點子數位印刷」。

量多是消費品，量少是收藏品

從一開始購買的一般傳統影印機，到後來不斷增購高級商用影印機，提高服務品質、人員上的增設，都可以看出昌展對「放點子數位印刷」的投入及用心，這也是放點子數位能一直穩定成長的原因。而隨著科技進步，現今廠商不一定會選擇發送傳單，大部分的紙本作業也已轉為線上、電子形式，印刷產業正在式微當中，昌展認知到「量多是消費品，

量少是收藏品」，昌展改變傳統的經營思維，有別以往「一次大量」的商業模式，以「少量」、「精緻化」、「多樣化」為核心理念，滿足設計師各式的客製需求，從標籤、紅包袋、到包裝盒，小圖到大圖輸出，傳統影印店做不到的精緻印刷，放點子都能滿足客戶的需求，這也是放點子數位印刷一直能獲得客戶青睞的好口碑。

轉化危機，
在客戶與銷售端達成雙贏局面

昌展回想起創業一路走來的歷程，從最剛開始踏入印刷領域所投入的三百萬，至今投入

在設備已累積超過千萬，為的是提供更好服務給客戶，人力也從最一剛開始的一人公司，到現在已有團隊一起為放點子努力，也導入 ERP 系統來更好的管理公司，從行銷、銷售，到生產及出貨，系統化的管理使客戶更為信任，員工之間的協調作業也更流暢，支持昌展繼續在工作上保持動力的正是這一路創業的點滴。

而說到創業途中遭遇的挑戰，是消費者與商家的現實面衝突問題。曾有個客人跟昌展坦承，現今好的印刷廠真的不容易找了，一方面很開心客人對點子數位的讚賞，一方面也顯現出印刷產業面對的現實問題，印刷產業的最終價格終究是為買方而定，高品質、精緻的成品同時也代表著高成本的代價，然而，客戶並不會將所有預算單一集中在印刷品，這便是消費者與商家的衝突所在，昌展認知到此問題也不氣餒，而是更認清本身所

擁有的籌碼、優點，轉化這份現實，在客戶與成本問題當中取得平衡、贏得雙贏局面，成功帶領「放點子數位印刷」在式微的印刷產業當中，仍然能穩定成長，目前也在規劃培訓店長、拓展店家。

累積實力、財富，為風險留後路

放點子數位印刷目前的短期目標是站穩腳步、穩定成長，未來將會持續增設設備、人員，並著手開始拓店計畫，期望未來能以連鎖體系經營放點子品牌，讓客戶在各縣市都能使用放點子數位的服務。

說到創業建議，昌展說明作為老闆，好像看似自由，但同時身兼營運的壓力，作為老闆對於危機處理的意識往往要比員工走得更前面，才能帶領團隊化險為夷，膽識以及洞察能力的培養，是創業、作為老闆必須要在學生時期就培養的「軟實

力」。昌展也鼓勵想創業的青年，在學期間須多方面培養人脈，在不同的舞台上學習成長及表現，工作後累積財富，資金將會對創業是一大助力，創業後須大膽前進，不怕良性負債，多角度思考，衡量風險及機會成本，但不能太在意失敗，因為如果創業做事一直在想著失敗，想退路，做起事來反而綁手綁腳。

「不務正業」系上的老師曾經如此形容昌展，而正是這樣彈性變化、居安思危的應變能力，才能帶領「放點子數位印刷」突破夕陽印刷產業、穩定成長。

放點子數位印刷｜商業模式圖

 重要合作
· 各大設計公司

關鍵服務
· 精緻、客製化的印刷需求

價值主張
· 以「少量」、「精緻化」、「多樣化」為核心理念，滿足設計師各式的客製需求，從標籤、紅包袋、到包裝盒，小圖到大圖輸出，傳統影印店做不到的精緻印刷，點子都能滿足客戶的需求。

客戶關係
· B2B
· B2C

客戶群體
· 一般印刷需求以及需要精緻化、客製化的印刷需求。

核心資源
· 各式專業影印設備

渠道通道
· 實體空間
· 官方網站
· 媒體報導
· Line@

成本結構
· 營運成本
· 人事成本
· 設備採購與維護

收益來源
· 產品售出收益
· 廠商合作利潤

📌 TIP
※「量多是消費品，量少是收藏品」。
※ 累積軟實力，畢業即創業。

創業 Q&A

1. 生產與作業管理

數位印刷商品大多少量多樣化，最大的困難是如何在最短時間內可處理最多的印件，因此我們思考如何規劃及安排不同系列商品，來達到最高效益，每小時產能的提高，才能符合人事成本，達生產效益產生利潤。

2. 研究發展管理

在印刷業雖然屬於傳統產業，投資規模也逐漸減少，但以這行我們也算剛剛入行的公司而已，也對未來的前景是看好的，所以我們規劃基本上都是朝連鎖體系的目標前進，一開始進入這行，之前主要都投資設備，養設備，而目前的規劃是養人，聘請更多的人加入放點子，來培養及挑選合適的人，未來規劃以開分店為主，將團隊擴大分成門市及總行政部門，來擴大市場及增加客戶對放點子的信任。

3. 財務管理

我個性是比較衝的，雖然開業已經十年，但這五六年來才開始大幅投資，短時間內從一個員工增加到五位，設備也一直在更換，這五年來換過四台設備，越換越大台，在很多同行還靠人工作業或簡易的進銷存或工廠管理系統作業時，我們更是導入了 ERP 系統，來作整個營運從行銷，銷售，金流，生產，到完工後物流所有生產流程的管理，但在快速的增長過程，財務及人事卻是最為重要，也是容易遇到的問題，所以我們開始思考，如何帶來更多業績的成長、如何將現有客戶在利用，規劃更多種類產品提供他們更多的服務，以及同事之間如何互相配合，協調，來達到有效率的生產目標，所幸目前我們就算在疫情嚴峻的時候，我們業績還是持續穩定成長。

放點子數位印刷

電話：+886- 02-22541991
https://www.funideaprint.com/
新北市板橋區文化路一段 285 巷 41 號

三和歐普國際有限公司

游國偉 Terry Yu
執行長

專注客戶需求 將不可能變可能—三和歐普國際有限公司

「創造自己的價值，挑戰自我！」這是三和歐普國際有限公司創立的緣由。憑著一股傻勁，三和歐普國際有限公司執行長游國偉由工程師轉而自行創業，一開始同樣懷抱美好的創業夢，但很快的面臨資金問題，於是將手中的股票轉為創業資金，與合夥人共同創業，後又遭遇合夥人理念不合離開，而最大的挫折即為缺少客戶來源，如何將產品定位明確售出，創業維艱，後調整心態，以強大的意志力持續努力，絕不放棄。

了解客戶需求
提供專業建議 建立其異質性

三和歐普，有著 3HOPE、SOME HOPE 的諧音意思，提供客戶網頁設計、軟體開發、網站託管多樣網路服務，期望給客戶全新的優質使用者體驗，也許有人會問，為客戶建立官網與到大型電商平台開設網路店面，有什麼不同？游國偉執行長表示，為客戶建立自己的官網，也就是客製專案的製作，強調的是高自由度的應用、最直觀的感受，同時客戶可以因應自己的需求，客製化自己網站的功能，網站在網路

世界越久，建立的搜尋數越多，品牌的建立、特殊性就會成形，這是與一般大型的電商平台不一樣的地方。因為以客戶觀點出發，為客戶多想一點，多做一點的核心概念讓三和歐普逐步累積口碑，雖然曾有客戶讓游國偉執行長與夥伴拆夥，卻也因此與投資人建立共識，進而合作。

因此從創業中建立的經營理念為幫客戶創立價值，游國偉執行長發現，初期一切以客戶為出發點，但客戶常常無法了解自己需要的是什麼，因此三和歐普秉持著可以幫客戶做更多的核心理念，去了解客戶需求，給客戶

專業的建議，提早洞悉趨勢搶先給客戶最進步的技術，成就在電商世代的潮流中，屹立不搖的硬實力。

化危機為轉機
把每位客戶當作貴人

而不止在台灣，三和歐普的客戶觸角也延伸至香港、澳門等地，語系的不同、找出客戶產品的異質性，從而客製化專案的建立，成為三和歐普能在創業中脫穎而出的關鍵。游國偉執行長表示，以前是工程師的他，其實

一般來說接觸客戶的機會較少，在創業後，直接面對面了解客戶需求，對於產品的業務能力、金流、設計開發，對他而言都是很大的挑戰。他說，創業面臨夥伴的理念不合，客戶也許因不了解而不接受，但他習慣化危機為轉機，把每一位客戶都當作是貴人，遇到挫折就想辦法克服，運用過往的工作經驗，轉化為創業最大的養分，長期用心的對待客戶，客戶是看的見的，將支持轉為實際的合作，對游國偉執行長就是最大的肯定與成就感。

三和歐普短期規劃仍要協助客戶建立及運用自己的網站，把每一個客戶的需求做到最好。中長期則希望朝人工智慧分析來操作，為客戶做進一步的分析，判斷客戶網站在網路上的排名及改善，舉例來說，客戶也許懂得自家產品的銷售額，但並不了解哪些網路用戶搜尋或瀏覽其網站，或是

透過何種方式搜尋其網站，便可以建議客戶利用關鍵字等等方式改善自己的網站瀏覽。

勿因衝動貿然創業
投注百分百心力就去做

游國偉執行長建議，近期身邊也有不少人想創業，據他的觀察，想創業者可分為好幾種，其一就是想創業但還無目標，也許是在工作上遭遇挫折因而想創業，若無方向就冒然創業，陣亡率很高。另一種則為已有規劃方向，也許尋求了相當多合作夥伴支持，但多頭馬車導致意見不一致，反而削弱了創業初期共有的理念。最保守的即是一邊上班一邊創業，在游國偉執行長看到的經驗中，幾乎沒有成功的。

他認為，創業需要投注百分百的心力，清楚自己想做什麼，如果創業不能具備吃苦的勇氣，堅持下去的毅力，其實上班族也是適合的選擇。創業其實是很辛苦的，調配資金、稅務規劃、專業技術、合作夥伴、資源整合等都要面面俱到，同時不是每件事都會依照計劃進行，花費的是比預期更多的心力，專注的做好創業這件事，才是成功的秘訣。

三和歐普國際有限公司｜商業模式圖

重要合作
- 各式商家企業
- 相繼與環宇集團合作開發電信商城、打造北市網美花店、幫助古典樂器實體店面從線下走到線上、老牌龍頭美式速食網站設計製作、KOL 網紅傳銷系統網站建置、鼎新 ERP 系統的導入…等。

關鍵服務
- 網頁設計
- 軟體開發
- 網站託管

價值主張
- 注重使用者體驗，貼近使用者，洞悉趨勢搶先給用戶最進步的技術

客戶關係
- 需求建置官網的各式商家企業

客戶群體
- 需求建置官網的各式商家企業

核心資源
- 專業人才
- 專業技術

渠道通道
- 舊客引薦
- 業務開發

成本結構
- 人事成本
- 設備空間租金
- 營運成本

收益來源
- 網頁設計
- 軟體開發
- 網站託管
- 電子商務

TIP
※ 您所想的我們幫您實現，您沒想到的三和歐普搶先一步替您完成。
※ 創造自己的價值，挑戰自我！

創業 Q&A

1. 生產與作業管理

主力產品的重點里程碑是什麼？

我們提供一個及時網路銷售的開店平台，協助商家網路開店能有更佳的體驗，坊間有許多類似的架站系統，但受限於編輯器自由度低，幾乎都為套版網站，無法留住訪客提高轉換，抑或租用費、成交手續費不透明 … 等，都讓講求質感的中小型商家苦無合作廠商，三和歐普智慧開店平台結合數據分析與最直覺的架站工具，確保商家每一筆花費都能發揮最大效益。

2. 行銷管理

從客戶第一次接觸到成交，一段典型的銷售循環是什麼樣子？

我們堅信，『好的產品業務毋需多言』，第一次與商家接觸，我們都會讓對方直接上手試用，先要讓客戶對平台有初步的信任，信任我們絕對辦得到他的需求後，才會展開一連串的功能討論，因為每個商家的產品屬性不同，所需的功能也不盡相同，開立量身打造的需求單後，就是全力執行與不斷的壓力測試，直至可上線供用戶使用。

3. 人力資源管理

合作對象的選擇和注意點？

合作對象的選擇，其實不見得比擇偶標準低，相處的模式需要亦師亦友，水平的交流彼此的專業技能，對合作對象的了解才能讓自己更貼近需求甚至提早洞悉部屬，用產品獨特性的硬實力找合作夥伴，再以敏銳細緻的服務軟實力留住其，正因為這些繁複的前置作業，我們才能在這個速食市場中保有自己的市場。

我獨創角業，
UNIKORN
UNIKORN
UNIKORN
UNIKORN

三和歐普國際有限公司

SCAN ME

LIVE

FB：三和歐普

電話：(04)3508-0168

台中市南屯區向心南路 892 巷 29 號 1 樓

語言人生 Wing 的

陳相銘
創辦人

本站三大理念

讓學語言變得輕鬆
學語言的核心在於更要掌握語言本身，想配合檢查用英別的新架構物律建立正確的自學心與和應用能力，讓你不再迷惘，並學習真正所得到的東西

學會如何自學
透過各種自學經驗分享、推行和工具，幫助你釐清各要學什展了怎麼學？以及如何找到自己的學習狀況了讓你成功自學任何你想開始的實際事技能

自律會帶來自由
自律能帶著不會有人督你，可以做自己規劃的生活，透過各種所需管理、習慣養成，內容思維等，並你打造成自律人，得到自己渴望的自由

「Wing的語言人生」

於2019年9月成立，原名相銘的日常，是個分享日文教學、投資理財、自我成長的部落格
後來某原因所以停手讀者對於語言相關內容的回饋，於2020正式改名為「Wing的語言人生」，專注於學自學語言而發身的相關資訊
2020年目流量突破每月1000人次訪客，同時陸續接洽與Engoo、EF English Live、Wintney等知名英文平台合作，持續發供會合作邀約希望各學習語言資的相關資訊的經營

50萬+
網站訪達人數

200篇+
網站文章數

從今天開始重新學好語言

學語言不能靠死背，「自學力」才是必備王道！—Wing 的語言人生

陳相銘，Wing 的語言人生創辦人。以經營部落格為主要管道，分享如何自學語言、培養時間管理以及如何自律等技能，並開發一套線上課程，希望藉此打開台灣的市場，並規劃依據不同程度與需求持續推出更多樣的課程，幫助更多人用輕鬆的方式學習想學的語言。

創業，從撰寫部落格開始

那年，正值鳳凰花開的時季，好不容易結束最惱人的畢業專題，陳相銘跟大多的同學一樣，壓根兒沒想過工作與未來的方向，每天只想輕輕鬆鬆地等待畢業的來臨；但隨著畢業的日子愈來愈近，陳相銘也不禁開始思索該何去何從，他在因緣際會下看到關於被動收入的影片，終於為他無聊的日常燃起了一點興趣。《富爸爸，窮爸爸》一書曾有一段相似的理論：「建立被動收入要先有資產」。簡短一句話點醒了陳相銘，他思考著或許可以靠著自己的興趣賺取收入，於是他創立了部落格——「Wing 的語言人生」——從自己擅長的日文

教學、投資理財等領域開始創作，並一邊學習如何架構網站、撰寫文案、SEO 行銷等等，並在過程中重新認識到自媒體經營及個人品牌的觀念，即使一開始並沒有穩定的流量及收益，但一路上不斷地試誤、精進自我，部落格也逐漸趨於穩定。

逃離填鴨式教育、
學語言並非想像中困難

目前的教育大多認為學語言需要透過考試、背單字或文法等偏向填鴨式教育的方式，雖然可以有效掌握學習進度，但也容易讓學習者產生畏懼或逃避，陳相銘反倒認為，學語言需要回歸到孩子學習的方式，他補充道，

孩子在牙牙學語時期都是先學會講話，再到學校學習注音符號、寫字及閱讀能力，但由於孩子有先天的語言能力，可從與周圍環境的互動因素中接收大概的規則，並在耳濡目染之下自然而然學會語言，這就是所謂的「語言習得」——簡易又快速的方法，不需背大量的單字與文法、還可以培養語感，而陳相銘以撰寫關於學習語言的部落格文章為主，並搭配此概念研發了一套線上課程——「自學語言全攻略」，從基本的單字文法、聽說讀寫、語言交換再到如何應考等的語言需求，目標就是幫助覺得學習語言很困難的人。

陳相銘提及，現在有許多人學語言不再只是為了工作或出國留學，更多的只是單純想要

看過文章的人都怎麼說

太感謝你的分享了
我本來是懶得寫評論的人
因為這篇寫得太好太用心了
而且也是正合我所需要的
感動到要流淚了~~~~
(>_<)~~~~
非常感謝你!!!!!!
可可粉
★★★★★

我很感謝你的用心
其實之前Wing在寫網站
就看到你給的文章
一直以來都覺得很有用
非常感謝你的分享
我很受到鼓勵,我會繼續努力
的
Perry
★★★★★

一直以來謝謝你的幫助
從我們第一次在網路上相遇開
始
那個時候我很討厭英文
謝謝你
讓我漸漸喜歡英文
我漸漸成為英文小高手囉!
Claudia
★★★★★

如何在家自學
★★★★★

你可以在這裡知道要如何自學?學什麼?怎麼改善學習狀況

追星或是想看懂、聽懂國外的影集及歌曲,或是在出社會後想要再增進一技之長,像這樣為了探索技能、滿足嗜好的輕鬆目的,就不見得一定要到補習班學語言;陳相銘說到:「『自學力』在現代是相當重要且人人都應具備的能力」,因此網站也會同步分享在家自學的技巧,教導如何挑選當前最該學習的技能、適合的課程等等,也與學員分享時間管理、減少分心等心法,幫助學員習得「自學語言」、「在家自學」、「學會自律」三大能力,並建立專屬的社團,學員可以彼此交流、也可以發問,互相砥礪、一同成長。

從創作中得到能量、
從肯定裡獲得動力

陳相銘坦言,自己喜歡不受拘束、崇尚自由的工作環境,因此即使有過數種打工經驗,最終還是毅然決然決定出來創盪創業,但儘管在國外已相當盛行自學語言的概念,在台灣仍算小眾市場,大多還是以考試、背單字片語的傳統方式學習,陳相銘深信台灣的市場一定也會有相同需求,因此縱然得花上更多的時間與心力去曝光品牌,部落格流量成長的速度也遠遠不及熱門話題來的快,但對於自己喜歡且真正想做的主題,陳相銘甘之如飴,他也期許能盡一己之力打開台灣的市場,並向大眾宣揚學語言之觀念的重要性。

「每次在創作的時候常會進入興奮的狀態、下筆如有神,把信念分享出去後也會有舒暢的感覺。」陳相銘說道,創作對他而言不僅是分享自己的感想或生活日常,每每遇到有學員願意去嘗試並且實際得到收穫,陳相銘更是備感榮幸,更有學員從原本排斥英文、慢慢愛上英文,甚至成功考取理想的語言證照,這些反饋無疑是給陳相銘注入一針強心劑,他的作品及想法逐漸受到肯定,合作的機會也紛至沓來,每當陳相銘陷入低潮之際,這些收穫都是驅使他再站起來的動力。

永遠要專注提升自己的價值

一畢業就創業,陳相銘表述自己一直以來都屬行動派,只要有方向就會付諸行動,就算失敗、只要修正就能繼續走,「少說多做、先做就對了!」他說道,與其浪費時間去猶豫尚未發生的假設性問題,遲遲不敢踏出步伐,不如把時間挪來實踐目標,也許到頭來會發現那些曾經擔憂的問題其實根本不足掛齒。

《斜槓青年》一書曾提及:「當你的才華還撐不起你的野心時,就應該靜下心來學習;當你的能力還駕馭不了你的目標時,就應該沈住氣來歷練。」陳相銘就是如此,開始經營自媒體後,他曾經沉寂長達一年,閉關起來默默地撰文、看書、上課來精進自己,然而這段沉潛期累積的實力反而讓他遇上更多合作機會,無形中亦提升了自己的價值。

未來,陳相銘也將帶著如此初衷幫助更多正在學習路上的人,他希望能創立工作坊或公司,將品牌正式帶到市場上,並計劃陸續推出更多樣且客製化自學語言的產品及諮詢,盼邀請各領域專家攜手建立多種語言的線上學院,讓更多人都能學習自己真正所愛的語言,並帶這項技能再去探索世界、自我提升。

Wing 的語言人生 | 商業模式圖

重要合作
- Engoo
- EF English Live
- Winning+

關鍵服務
- 學習經驗分享
- 系統化的自學語言課程
- 線上語言平台推薦
- 自學語言電子書

價值主張
- 原名「讀財的羽言」，是個分享日文教學、投資理財、自我成長的部落格，後來漸漸收到許多讀者對於語言相關內容的回饋，於 2020 年正式改名為「Wing 的語言人生」，專注分享自學語言與在家自學的相關資訊。

客戶關係
- 主動關係
- 異業合作

客戶群體
- 想學語言者
- 學習中遇到障礙的人

核心資源
- 平台經營能力
- 文案撰寫能力

渠道通道
- 官方網站
- 線上課程
- 電子報
- Facebook
- Instagram
- Youtube

成本結構
- 人事成本
- 行銷成本

收益來源
- 課程費用

TIP

※少說多做先做就對了！只要有方向就付諸行動，就算失敗只要修正就能繼續走。

※當你的才華還撐不起你的野心時，就應該靜下心來學習；當你的能力還駕馭不了你的目標時，就應該沈住氣來歷練。

創業 Q&A

1. 生產與作業管理
如何精準的執行在目標上？
先設定一個最大目標，再針對此目標拆解各個階段的里程碑型目標，再針對各里程碑型目標拆解出相關的行動計劃和 KPI，由大到小，並在執行的過程中不斷修正，直到目標完成。

2. 行銷管理
從客戶第一次接觸到成交，一段典型的銷售循環是什麼樣子？
1. 客戶透過網站或其他平台接觸到產品
2. 客戶對產品產生興趣，進一步詢問相關事情，有機會一次成交
3. 如未成交，則會有自動化的銷售信件做跟進，從各個角度切入來達成成交。

3. 人力資源管理
未來一年內，對團隊的規模有何計畫？
希望可以招募一位專職業務來開發新客群、招募一位行政來處理後端事務，最後是企劃，來協助發想新的品牌專案。

4. 財務管理
成長增速可能會遇到哪些阻礙？
1. 教育新進夥伴的時間和金錢成本 。
2. 新產品的製作、測試和優化時間。

Wing 的語言人生

網站：Wing 的語言人生

阿拉法物理治療所

吳維峰 Waylon Wu
院長

夢想的起源、解決身體的痛——阿拉法物理治療所

「阿拉法物理治療所」創辦人-吳維峰院長，過去就讀中國醫藥大學物理治療系，學生時期就有創立品牌、開業的念頭，在實習期間至不同機構累積經驗、觀察不同院所之生態，就業前至傳統整復所學習徒手治療，不斷學習、積累專業，按部就班為未來的創業做準備。待時機成熟，身為基督徒的吳院長，以聖經裡代表「初與終」一詞：「阿拉法」做為品牌名稱，創立「阿拉法物理治療所」，象徵吳院長「夢想的開端」，期許運用自身專業，為更多人服務與治療。

夢想的起源、一切的開端

吳維峰院長，聽從爸爸的建議，考取中國醫藥大學物理治療系，就學期間聽聞學長姐自行創業、開立物理治療所，這便在吳院長心中種下創業的種子。吳院長一直把「創業」這件事放在心上，國考後，到醫事機構、地區醫院、診所實習，為的是觀察各院所生態，在就業前半年，到整復推拿協會學習民俗療法、徒手治療，再融入實習所學到的技術、經驗，研發一套獨樹一格的治療系統。經過長年的累積學習、按部就班的規劃，吳院長認為時機成熟了，便創立「阿拉法物理治療所」。

服務「亞健康」族群，重拾生活品質

「阿拉法物理治療所」採預約制，提供一對一高規格客製化治療，透過徒手治療、運動訓練、高階儀器，協助病患解決疼痛、達到治療效果。吳院長表示，物理治療所是現代人需求之衍生，服務對象針對「亞健康」族群，意指身體有所不適，但不致於大幅影響日常生活的族群，現代人因為頻繁使用手機、電腦，長期低頭導致肩頸痠痛、頭部緊繃，或者工作久坐、腰椎長時間承受壓力，導致脊椎側彎，雖然這些狀況不會立即對生活造成影響，但確實帶給人諸多不適，吳院長創立「阿拉法物理治療所」，就是期望將過去所學知識、累積之經驗，為病患解決疼痛、改善生活。能透過自身專業協助他人、創業，是院長一直以來的夢想，也是畢生志業。

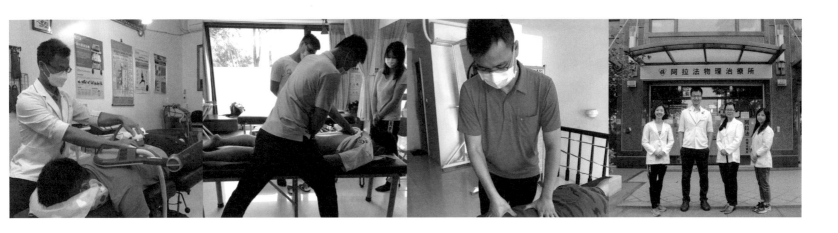

與病患「共同喜悅」的一刻

「阿拉法物理治療所」創立已來到第七年，現今擁有穩定客源，吳院長說到，創立初期並非現今看起來如此順遂。2016 年剛創業是最挫折的階段，開業整整一年都沒有客戶上門，那年聖誕節特別的寒冷，吳院長的太太提議去街上發傳單，帶著九個月大的孩子，在路上發傳單、介紹，許多人還特意避開，吳院長笑著說一家人像「賣火柴的小女孩」，所幸那時吳院長沒有放棄在骨科兼職的工作，靠著每個月兩萬塊的薪水、縮衣節食直到稱過創業前期的陣痛期。另一大挑戰是經歷肺炎疫情，政府緊急宣布進入「三級警戒」狀態，客源一夕之間減少了八成，營收減少了，但日子還是要過、貸款還是得繳，壓力、擔憂隨之而來。吳院長即時應變，在線上發布教學影片，

持續與客戶保持互動，才又慢慢的讓客戶卸下疑慮、安心的前來治療。一切的挫折與挑戰，沒有「熱忱」是難以堅持下去的，對吳院長來說，看見客戶的改變、改善客戶的生活品質，是院長堅持的動力來源，曾有嚴重「五十肩」的客戶經由治療，肩膀活動度大幅提升、睡眠品質更好了，這是院長與客戶共同喜悅的一刻，也是支持院長繼續經營「阿拉法物理治療所」的熱情所在。

確立志向、潛心準備

「阿拉法物理治療所」未來規劃能與不同領域之健康產業專家合作，例如職能治療師、語言治療師、健身教練…等，提供更全面、完整的一套整復系統，全方面為客戶解決「亞健康」困擾。
對於也想創業、創立品牌的人的建議，吳院長表

示，確立志向後，要盡力準備、栽培自己，技術、成本、行銷、管理…等，皆是身為創業者需要事前學習、準備的基本功。再來是「金錢觀念」，經營物理治療所，比起急於「回本」，吳院長更傾向將部分金流投資在設備、治療方案，精進診所環境與專業，為的是提供更精準的服務與治療，回歸初心：解決病痛、治療。

阿拉法物理治療所 ｜ 商業模式圖

重要合作
- 各大機構
- 企業合作

關鍵服務
- 採預約制，採一對一高規格客製化徒手治療、體外震波治療、高能量鐳射治療

價值主張
- 解決「亞健康」族群及現代人常見通病之不適及困擾。

客戶關係
- B2C

客戶群體
- 任何有按摩油需求之客戶

核心資源
- 物理治療師專業背景之豐富經驗

渠道通道
- 實體空間
- 官方網站
- 媒體報導
- Line@

成本結構
- 營運成本
- 人事成本

收益來源
- 顧客收益

TIP
※ 手心向下，給予越多、獲得越多。
※「阿拉法」- 夢想的開端。

創業 Q&A

1. 生產與作業管理
如何精準的執行在目標上？
精確評估、判斷每個患者的狀況，再透過徒手治療、高階儀器治療、運動訓練來達成治療患者患部的目標上。

2. 行銷管理
公司目前如何行銷自家產品或服務？
目前是以經營臉書、IG、Google map 店家為主。

3. 人力資源管理
未來一年內，對團隊的規模有何計畫？
穩定每位物理治療師的客源為主。

4. 研究發展管理
公司規模想擴大到什麼程度？
開更多分院，或是統整相關醫療專業資源成為屬於自己品牌的健康促進產業體系。

5. 財務管理
目前該服務的獲利模式為何？
主要是以每位物理治療師治療個案來獲利的模式為主。

阿拉法物理治療所

FB：阿拉法物理治療所

電話：0978-378-729

臺中市北區興進路 209 號

柏文健康事業股份有限公司

林洵賢 Allen Lin
總經理

外掛器材－林口　　蹲舉架－金馬　　女性專區-林口　　上市記者會

鍛鍊自我、打造健康人生——柏文健康事業股份有限公司

也許你不認識陳尚文，但是你一定聽過健身工廠，帶領著健身工廠團隊，截至 2023 年底為止，全台由北至南超過 70 間廠館，是目前台灣以健康為事業主體的唯一上市公司，但是，跟過陳尚文的子弟兵都知道，擁有美國海軍陸戰隊背景，擅長解決問題的陳尚文，打造一個鍛鍊自我、健康人生的想法，早已埋藏在他心底，一定要想辦法讓產品和體驗有競爭力。目前身為品牌長的陳尚文確定方向之後，2023 年交由專業經理人－總經理林洵賢 Allen 執行，對健身產業抱有熱忱的 Allen，於公司創立第二年加入「健身工廠」團隊。Allen 認為：「健身是工作與私人生活切換的潤滑劑」，運動不只讓身體更健康，也協助人保持心情愉悅，讓生活中的壓力得以釋放。「健身」將會是現代社會的全民運動，每個人都該給自己一個養成運動的機會。「健身工廠」致力打造良好、舒適運動空間，盡心服務會員，讓客戶在「健身工廠」專注於自我、鍛鍊自我，養成規律運動的習慣，打造健康人生。

最差的時代，就是最好的時機

柏文於 1995 年創立，總經理林洵賢 Allen 在品牌創立第二年即加入團隊，當時正值台灣大型連鎖同業惡性倒閉之事件，幾十萬名會員會籍突然無疾而終，也收不回已繳清的會費，導致民眾對於「健身房」存在不信任感及負面印象，曾經有消費者進門，劈頭就問：「你們會不會倒閉？」，然而，Allen 認為：「最差時代就是最佳時機」，台灣人民的運動風氣才剛要起步，極大部分的族群正在等待改變生活型態，將危機視為轉機，因此「健身工廠」改變過去健身房預收會費制度，改以月付機制，降低加入門檻、減輕民眾負擔，並積極改善場館環境，致力打造會員能舒適運動的空間。

以健康心態經營健康事業

健康產業需要健康心態來經營，「健身工廠」致力為民眾提供舒適、值得信任的運動場所，以帶動全民運動之風氣，並打破過去經營模式，立志建立產業標竿，成為健身品牌領頭羊。例如過去傳統型健身房收費皆不透明，「健身工廠」改變模式，實施價格標準化、透明化策略，讓消費者入會的過程更簡單，更提高消費者的安全感與信任感。

「如果沒有創新，和現有競爭者做差異化，必定會落入紅海，有了創新和差異化，比較容易成功。」Allen 為了突顯差異化，「一定要有明星商品，獨特又吸睛的明星商品，不但有強大的聚客力，還能讓客人獲得超出預期的體驗與驚喜。」一般而言，健身房業者通常會從會費下手，要是會費不容易差異化，才會把焦點轉向周邊。Allen 決定從女力市場與競爭對手做區隔。在健身工廠長春廠特別留下一區給女性客戶群，可愛粉紅燈光，讓女性客戶在運動時不必擔心旁人注視眼光，往後新設立的廠館都有「粉紅專區」，專為女生設計的器材一字排開，從消除蝴蝶袖、厚背、腰內肉、大肚婆、肥臀粗腿，操作一輪上述部位都訓練到，畢竟現代人連睡覺都要搶時間，「要留下有時間、給最在意自己曲線的女會員。」

「健身工廠」將資源重點運用在場館維護、

代言人香月明美在粉紅專區運動　　公司高階主管與代言人香月明美合照　　台中梧棲廠開幕簽約民眾踴躍　　淨灘

現場管理及會員服務，擁有自己的維修團隊，不需等待原廠叫料修理，現場就能即時維護，大幅提高器材堪用率，會員使用體感上更加順暢，另一特點是積極服務會員，提供完善設備、專業教練駐場，會員有任何問題隨時有人能協助。在疫情期間，「健身工廠」投入的資源不減反增，開設線上課程、設置人臉辨識入場、成立線上客服中心，積極扭轉過往「健身房」較為被動的印象。

具備社會責任、存在價值

「會員制」就像對品牌的年度檢視，會員是否續約，反映了一整年對品牌的滿意度。Allen 表示，服務的週期拉長意味消費關係容易有變數，創造客戶的滿意度是相當一大挑戰。近年又經歷肺炎疫情，受國家機關勒令暫停營業、重挫健身產業，所幸團隊即時應變，設立線上課程、線上客服，讓會員在家也能維持訓練，會籍有任何問題也能線上解決，並且開發自有品牌消耗品、能量飲，才彌補疫情帶來的營運缺口。

經營「健康產業」的路上可說是關關難過關關過，然而 Allen 願意投入於健康事業、不放棄的動力，來自於看到品牌提供給社會的「價值」。曾有一位七十多歲的老奶奶，診斷出患有帕金斯氏症，醫生建議透過「運動」延緩惡化速度，起初老奶奶詢問住家附近的健身房，卻因對方擔心患者不

易照護、有負擔責任的風險而拒絕，輾轉來到「健身工廠」，經由教練的協助，病情得到控制，至今老奶奶仍保持良好行動力，可以自行往返住家與健身房。

Environmental(環 境)、Social(社 會)、Governance(公司治理)，是一種企業責任、永續投資的概念、近年來全球越來越多投資人用 ESG 分數，來衡量一間企業的社會責任表現，認為這個分數能衡量企業的外部風險，看出一間公司未來績效，而現階段消費者對這種既賺錢、對世界有幫助的企業有好感，「一樣是健身產業，可是健身工廠有做 ESG，正在實現對地球與社會好的付出，始終受到很多人關注。」Allen 強調，健身工廠的 ESG 表現，除了為品牌形象加分，也能賦予年輕伙伴工作的意義和使命感。看準 ESG 趨勢，兼具獲利和公益，發揮社會影響力，在紅海的健身產業闖出一條獨特的道路。Allen 為自己投入健身事業感到榮幸，透過「運動」協助民眾重拾人生、改變生活品質，這份職業，具有社會意義、且有存在價值，更樂觀的相信，經由全球疫情的影響，人們對自我健康意識抬頭，透過運動提高免疫能力以因應下一波的病毒侵襲，相信會有越多的民眾加入運動行列，這樣的信念也支持 Allen 繼續推廣運動、繼續在健康產業為民眾

服務。

創業像「健身」，沒有奇蹟只有累積

疫情後，如何為自己找到新的「轉型關鍵」，對於未來「健身工廠」的目標，Allen 期許能帶給會員更周全的服務，創造在這裡運動的絕佳滿意度，提高會員續約率，並影響身邊周遭友人、相約健身、自主訓練。而對於也想投身於健身產業的創業建議，Allen 坦承，健身產業的競爭越來越激烈，前期創立的資本支出又高，資金將會是創立健身房的首要考量，也因此需要長時間累積一定的會員規模後才能開始獲利，再來是服務會員的週期長，中途容易放棄、保持運動習慣不易，需要花費很大心力與客戶溝通運動訓練的必要性。

「不缺提出問題的人，缺的是能解決問題的人」，Allen 表示這一次的肺炎疫情，健身工廠主動出擊、提出辦法，徹底執行才得以挺過難關。「我認為台灣健身人口比例一定會追上韓國、新加坡，至少成長 2 倍，要是又向歐美看齊，豈不還能再成長 2 倍？」即使健身市場競爭激烈，仍對未來健身房成長潛力深信不疑，創業就像健身，「沒有奇蹟只有累積」，每天付出一點，日積月累，自然能看見「成果」。

柏文健康事業｜商業模式圖

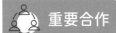 **重要合作**
- 各大機構
- 企業合作

 關鍵服務
- 提供完善設備、場地，及專業教練駐場。

 價值主張
- 致力提供良好舒適環境供會員使用，以協助會員養成運動習慣。

客戶關係
- B2B
- B2C

 **客戶群體**
- 任何有運動需求之族群

核心資源
- 完善設備環境
- 專業教練

渠道通道
- 實體空間
- 官方網站
- 媒體報導
- Line@

成本結構
- 營運成本
- 人事成本

收益來源
- 顧客收益

TIP
※ 健身是工作與私人生活切換的潤滑劑。
※ 不缺提出問題的人，缺的是能解決問題的人。

創業 Q&A

1. 生產與作業管理
主力產品的重點里程碑是什麼？
強國必先強身，有志者事竟成。每個人從 0 歲到 100 歲，只要活著就需要運動。儘早養成規律運動及健身的生活習慣，除了可以平衡工作與生活之外，更可促進健康避免肌少症且抗老化，儲蓄自己的健康存摺，以面對超高齡社會的挑戰。

2. 行銷管理
公司目前如何行銷自家產品或服務？如果還沒開始，有什麼行銷計畫？
健身產業是體驗經濟的一環，因此對內積極創造既有會員的良好消費體驗，並透過會員的口碑行銷就是最有效的市場溝通工具，進而透過既有會員的正面宣傳，再輔以體驗行銷的方式促使更多的非會員加入健身的行列，達到良好的銷售循環。

3. 研究發展管理
公司規模想擴大到什麼程度？
主力品牌健身工廠在 2027 年全台展店達到 100 家店的規模，並積極擴大泛健康及運動產業的附屬品牌及產品線，達到產業水平與垂直整合的規模經濟效益。

柏文健康事業股份有限公司

www.powerwindhealth.com.tw/
電話：(07)348-8000
高雄市左營區博愛四路 238 號

Chapter 3

jointie

眾盈泰生醫股份有限公司

譚誠明 Turbo Tan
總經理

護眼樣品 / 增強體力與血液循環樣品 / 防疫維他命樣品 / 維他命行銷示意圖

「人無我有，人有我優」以差異化突破重圍──眾盈泰生醫

譚誠明，眾盈泰生醫股份有限公司總經理。致力於生技產業十餘年，為了追求與實現夢想而創立眾盈泰生醫，提供專利技術原料與供應獨特的機能配方，打造健康安全的保健食品。

創業，
是追尋自我與打造理想的過程

譚總經理認為──每個人都有創業之夢。因為在業界有著十餘年經驗，經歷過工作與生活交雜的混亂生活，無法找到平衡，讓他深刻了解到「無法找到一份符合理想、完美的工作」，那就不如開創自己一番事業，著手打造理想的生活！

譚總經理於 2020 年創立眾盈泰生醫，以成為「生技業的台積電」為目標，提供關鍵原料予品牌及通路業者，並透過產學合作，申請技術轉移，產品不求多、不求大，但掌握關鍵的核心原料，讓品牌獲得多樣專利授權，提供給客戶國內外實驗室驗證服務，有別於大企業的制式規章，更彈性化與雙向溝通，奠定眾盈泰生醫在客戶心中無可取代的地位。

「創業讓自己去突破、讓夢想被實踐，也讓有意義的事被發揚光大！」譚總經理也說到創業，更能讓自己的觀念被市場驗證，創業除了是逐夢，也是自我考驗，一切努力，都是為了打造心目中的理想。以往有很多非常優質的原料無法商品化，消費者也吃不到，中間的原因可能是因為價格不對、驗證不足、行銷不夠力、背景不夠強……，譚總經理與眾盈泰生醫團隊就是要破解中間的層層難關，讓好的學術研究能夠成功變身為產品，消費者也能吃到真正頂尖的研發成果，創造研究與市場的雙贏！

先讓客戶成功，
是眾盈泰生醫品牌不變初衷

譚總經理認為，品牌的核心理念是──先讓客戶成功！才能讓眾盈泰生醫可以走得長遠。只有提供「好的產品」是不夠的，而是要提供客戶「可以賣得好的產品」才是更重要的，因為與客戶共好共榮，是長期的經營之道。

眾盈泰生醫主力產品是從家禽家畜副產物中提取而成的胜肽，是保健產品的關鍵原料之一，改善代謝症候群、三高、關節退化與視力受損等熱門的保健功效，更能依客戶需求設計「別人沒有」的市場戰略，對接學術研究窗口，打造專屬於客戶的功效實驗，為行銷提供最強大的支援。

媒體行銷現場 / 隨時進行調配測試

就是這樣的堅持與努力，提供更彈性化、數據資料服務，譚總經理也參與客戶的行銷計畫，提供文案撰寫、影片拍攝、腳本企劃、社群經營、直播宣講、媒體露出，甚至為客戶對接研究機構的專案開發計畫，進到第一線服務客戶，讓客戶能夠深化品牌的銷售與專業形象，提供更多的行銷協助，更凸顯眾盈泰生醫與其他品牌差異，就像是譚誠明總經理不斷強調的——「人無我有，人有我優」，讓眾盈泰生醫，走出獨特的市場定位。

沒有遇到足夠的壞人，
就遇不到想要的貴人！

創業初期，譚總經理也面臨許多困境。離開了前公司，才發現脫離大企業的品牌光環，訂單並不會來得理所當然。過去十餘年產業累積的人脈、成功的合作，其實很多都是沾著大企業、大品牌的光。如何贏得客戶信賴，成為眾盈泰生醫創業初期最大挑戰。譚總經理，透過調整腳步、想法，專注在只要能前進到目標，一切困難咬牙也要撐過。因此充新定位品牌，找出眾盈泰生醫優勢與劣勢——比不過大企業在客戶心中穩當的形象，就用彈性化來贏得客戶的信賴。漸漸的，眾盈泰生醫也獲得不少客戶肯定與好評，譚總經理帶著信念與堅持，慢慢走出自己一片天。

完整定位與了解自我，
才可以步步穩健走下去。

對於眾盈泰生醫品牌未來發展，譚總經理充滿信心說到，短期目標將重心放在業績提升與培養更多合作夥伴，將好的關鍵原料推廣出去；中期目標將著重在產品線開發，目前眾盈泰生醫共有六種產品，相對於現在人面對的身體問題與疾病數量，遠遠不足，因此譚總經理認為，眾盈泰生醫還有更多產品線的發展潛能，協助解決更多問題。

長期規劃，譚總經理期望能讓眾盈泰生醫為環保、ESG 永續發展盡一份心力，不論是土壤、水資源的環境保護，或是結合綠能，期望有朝一日可以結合大眾之力，讓消費與保健本身就能同步創造更美好未來與發展。

對於想創業的讀者，譚總經理也提供建議：

1. 盤點自己，一定要清楚了解自己喜歡與專長

2. 善用自己專長，將失敗機會降到最低

3. 勇往直前，堅持下去。手沒到、腳沒到，什麼都還不知道！

清楚眾盈泰生醫與其他品牌最大差異——彈性化服務，秉持著「人無我有，人有我優」信念，以及與客戶共榮共存的同理心，讓眾盈泰生醫在市場上規劃詳細藍圖。

衆盈泰生醫 │ 商業模式圖

重要合作
- 保健原料開發
- 保健原料銷售

關鍵服務
- 產品研發
- 保健原料銷售
- 胜肽供應
- 行銷資源

價值主張
- 品牌的核心理念是一先讓客戶成功！才能讓衆盈泰生醫可以走得長遠。只有提供「好的產品」是不夠的，而是要提供客戶「可以賣得好的產品」才是更重要的，因為與客戶共好共榮是長期的經營之道。

客戶關係
- 走入銷售第一線
- 研發與行銷的雙重合作夥伴

客戶群體
- 健康需求
- 研發需求
- 開發特色保健產品

核心資源
- 醫學知識
- 研發技術
- 銷售通路

渠道通道
- 業務人員
- 網路
- 電商
- 媒體

成本結構
- 營運成本、人事成本、設備採購與維護
- 研發成本

收益來源
- 產品銷售
- 技術服務
- 顧問式行銷

TIP
- ※ 沒有遇到足夠的壞人，就遇不到想要的貴人
- ※ 找到前進的目標，過程的困難都能咬牙撐過
- ※ 人無我有，人有我優
- ※ 先讓客戶成功，與客戶共榮共存

創業 Q&A

1. 生產與作業管理

主力產品的重點里程碑是什麼？

正式簽下專利與技轉，真正實現「自有生產 - 自有專利 - 自有行銷 - 國立大學研發對接」的垂直串連。

2. 行銷管理

從客戶第一次接觸到成交，一段典型的銷售循環是什麼樣子？

提案 -- 客戶內部資料評估 -- 符合開發意願 -- 樣品測試 -- 擬定共同行銷策略。

3. 人力資源管理

團隊有哪些相關領域經驗嗎？

醫藥保健相關知識、多管道行銷、文案與宣講、直播與現場。

4. 研究發展管理

公司擁有哪些關鍵智財？（例如：專利、 申請中專利、著作權、商業機密、商標、網域名稱等等）

專利、申請中專利、國際期刊發表、國際研討會發表、產學合作

5. 財務管理

未來有什麼必須的增資計畫？

擴大產品涵蓋的功能別，增資取得政府與學術單位之技術轉移，並參與醫療研發的共同開發合作

先進醫資

黃兆聖
總經理

智慧醫療、健康生活無所不在 - 先進醫資

黃兆聖總經理，學生時代即投入參加各類型「創業競賽」、贏得獎金，從中獲得自信與累積經驗，黃總自豪的說，他是少數不用透過考試、憑競賽獎項而進研究所的學生。黃總在非洲工作時，見證醫療智慧化，大幅度提升當地大醫療量能、提高看診效率。黃總心想，科技系統如能與臺灣的強項 - 醫療結合，勢必更能展現臺灣優勢，也能讓民眾享受更便利、即時的醫療服務，創立「先進醫資股份有限公司」積極與醫療院所、機構、民間團體合作醫療數位化轉型。

從「獎金獵人」到「實踐想法的創業家」

「先進醫資股份有限公司」- 總經理黃兆聖，出身自一個家庭成員大多從事公務體系的環境，自認課業並不出色的黃總，期望透過參與「競賽」獲得肯定，從學生時期便參加各類競賽，如技術、服務、創業、甚至笑話類型，黃總也嘗試過。其中黃總最有成就感的是「創業競賽」，讓一個「想法」，從「無形」到「有形」，黃總享受其中歷程、也從中累積豐富經驗。第一份在非洲的工作經歷 - 導入愛滋病管理系統，啟發了黃總對未來智慧醫療的想像，創立「新醫資股份有限公司」，用資訊系統，提供醫療機構、社區、企業使用醫療互聯網的解決方案。

醫院虛擬化、無圍牆醫院

黃總表示，傳統上對於就醫環境的想像是：病患至院所看診、拿藥，回家後自行照護、服藥，等待康復，而「新醫資股份有限公司」提供有別於過去的解決方案-「醫療與照護無所不在」運用雲端、大數據、行動化、AI、穿戴式裝置…等智慧化軟硬體，提供現今醫療環境更完善的照護系統。智能客戶可以透過手機 APP、行動載具提醒病患投藥時間、注意事項，病患也能即時使用裝置發問、互動，而醫療端也能使用龐大數據分析治癒情形、確實掌握病症狀況。「先進醫資」的核心理念是「醫院虛擬化、無圍牆醫院」，醫療服務不該只侷限於醫院機構內，將服務延伸至醫院以外，持續性的為病患提供事前、事後的預防追蹤管理。

不只是「工作」，更是「企業責任」

創業過程令黃總印象深刻的是，初期公司資源有限，光是說服投資人的時間就花了四到五年的時間，然而經歷長時間的合作，現今這些投資人也成為「先進醫資」的最佳戰友。「凡事終將過去，一切都是最好的安排」這是黃總早在學生時期競賽中獲得的體悟。創業的艱辛，堅持走過，終將撥雲見日，成為刻骨銘心的美好經歷。

而創業最大的動力來源，來自黃總認知到：這並不只是一份「工作」，「先進醫資」承載著一定的社會責任，與帶領臺灣醫療環境進步的信念。過去在非洲導入資訊化系統，大幅的提升當地的

醫療效能，降低人為、紙本的醫療疏失，透過智慧化當時的看診數量能提高至上百位，黃總堅信，這套系統勢必會為臺灣、為民眾帶來助益，這也是醫療未來勢必與科技結合的趨勢。

追逐夢想，
任何時候都是最好的時機

「先進醫資」的服務目前已延伸至泰國、越南、柬埔寨…等十二個國家，張總期望能將這次「先進醫資」因應臺灣疫情的經營模式複製至更多國家，也期許 2025 年「先進醫資」能在海外上市。張總從「競賽」到實際投入市場「創業」，一路

以來的心法是「不斷學習、調適心態」失敗是必然的、挫折是必經的，真誠的面對自己、踏實的籌備計劃，這一道一道戰後的傷疤終將成為值得回憶、品味的過程。

先進醫資 ｜ 商業模式圖

 **重要合作**

· 醫療院所
· 政府單位
· 民間團體

關鍵服務

· 運用雲端、大數據、行動化、AI、穿戴式裝置…等智慧化軟硬體，提供現今醫療環境更完善的照護系統。

價值主張

· 「醫院虛擬化、無圍牆醫院」，醫療服務不該只侷限於醫院機構內，將服務延伸至醫院以外，持續性的為病患提供事前、事後的預防追蹤管理。

客戶關係

· B2B
· B2C
· 異業合作

客戶群體

· 任何數位化轉型需求之醫療有關單位。

核心資源

· 軟體系統資源
· 過去在開發中國家試驗經驗

渠道通道

· 實體空間
· 官方網站
· 媒體報導
· Line@

成本結構

· 營運成本
· 人事成本

收益來源

· 系統販售收益

 TIP

※ 凡事終將過去，一切都是最好的安排。
※ 一道一道戰後的傷疤終將成為值得回憶、品味的過程。

創業 Q&A

我獨
創角
業，

UNIKORN
UNI ORN
UNI ORN
UNI ORN

先進醫資

● LIVE ▶

電話：07-5666229

https://advmeds.com/zh/

高雄市苓雅區自強三路 3 號 35 樓之 8

林劍嶧
負責人

股份有限公司
AIWii 智唯

線上銷售平台導入 AI 擁抱零售新商機──智唯股份有限公司

林健嶧，智唯股份有限公司負責人。專業技術人員出身，鑽研 AI 技術已長達十年之久，因看好未來 AI 市場的發展性，適逢自己職涯的轉喉點，毅然 決然創立智唯股份有限公司，在草創初期，盡其所能研究 AI 技術與市場連結性與解決方案，全力推展 AI 技術在產業面的實務應用，笑稱自己從『打工仔』成老闆，再創事業第二春。

看見未來趨勢，鎖定零售產業

AI 技術是相當專業且令一般人覺得陌生的領域，較廣為熟知並應用的一般為網購或大型電商平台。因此一開始創立公司時，林負責人特別研究法律、飯店、旅遊、工業等產業，針對其與 AI 技術的串連與商機發展著實下了一番工夫，經過摸索後，鎖定零售產業，在過往的工作經歷中，曾帶領台商公司的自動販賣機研發團隊，懂技術也熟人脈，便以自動販賣機的 AI 技術應用切入零售產業，目前也成為智唯的主力。

其實，以 AI 技術進入零售產業是一個相當大的挑戰，人脈、技術缺一不可，特別是如何從技術合作中找出商機是一大重點，像是一台要價 3、40 萬的自動販賣機，對智唯這樣的新創公司而言該如何運用，才能讓錢花在刀口上，如何兼顧製造廠商的利潤與技術、公司的資金與 AI 技術的運用，在在考驗著智唯。特別是新冠疫情的影響下，缺工、缺料、產業的變化也對智唯造成衝擊，可以說創業之路極其艱辛。不過林負責人認為，一個成功的企業，面對意料之外的挫折，其應變能力與心理素質格外重要。

大數據回饋客戶
用智能打造正向循環

零售產業每 20 年皆會歷經劇烈變動，從 1940 年代的百貨公司的興起，1960 沃爾瑪、超市，1980 年代的 7-11 等便利商店，到 2000 年的亞馬遜、阿里巴巴的蓬勃發展，在時空背景的變遷下，舊有的產業思維與經營模式皆會被新興技術所取代。2020 就是一個嶄新的商機開始，從中瞄準未來趨勢，透過智慧管理平台，結合線下智慧販賣機整合物流，或許

就能帶動新技術的演進，邁向新零售，對他而言，就是一種成就感。

林負責人提到，其實未來智唯發展重點有二，智能行銷與智能支援，智能行銷就是『開源』，他提到目前除了 AI 技術的合成較明確之外，行動電話、社交軟體的整合，以及機械化、自動化的技術都值得關注，因林負責人熟悉自動販賣機操作模式，就想運用其自動化、機械化優勢，以相對成熟的技術、便利性，節省店面、人事成本，並具有更彈性的營業時段運用，利用大數據分析銷售數據，回饋給客戶做調整，形成正向循環，這做法就是所謂的『開源』，另一項發展重點『智能支援』，根據零售產業的銷售紀錄與庫存，由 AI 技術判斷安全庫存，並導入故障預測技術，讓

商家提前因應，系統化的管理也就是所謂的『節流』概念，也成為智唯 AI 技術的獨家商機。

媒合平台創造不一樣共創互惠雙贏

除了零售產業、健康產業、健身房之外，近期著手進行的 AI 時刻聯盟提供門檻較低的平台，與社交媒體整合，幫助中小企業提供不一樣的服務選擇，藉由流量、服務與品牌互惠合作。長期目標更把眼光放大放遠，不只專注在零售產業、健身產業，更希望回歸初心，農家子弟出身的他，希望在將農業、養殖業串連加工業，結合生產端與消費端，幫助農民獲取更多收入，也讓消費者有更優質選擇的雙贏局面。

資金妥善運用勇敢去試，走出自己的路

在創業這條路上如倒吃甘蔗，林負責人建議想創業就要先知己知彼，熟悉產業未來趨勢，企業經營最重要的考量就是財務規劃，資金運用的完善相當關鍵，隨時保持靈活跟彈性，珍視夥伴，『創業不是單打獨鬥，而是團隊合作』，夥伴的回饋更正面且客觀，勇敢去試，走出不一樣的路。

AIWill 智唯股份有限公司 | 商業模式圖

重要合作
- 零售產業
- 智慧販賣機
- 健身產業
- AI 時刻聯盟
- 農業養殖業

關鍵服務
- 智慧販賣機 AI 技術
- 零售業智能支援
- 健身產業
- 智能管理平台

價值主張
- AI 技術串連零售業、健身產業、農漁業等等與民生相關產業，從中瞄準未來趨勢，透過智慧管理平台，結合線下智慧販賣機整合物流，用 AI 技術邁向新營銷方式。

客戶關係
- 人脈建立
- 異業合作
- 團隊合作
- 媒合平台

客戶群體
- 零售業
- 健身房
- 中小型企業
- 農民

核心資源
- AI 技術
- 多年產業經驗
- 專業人才

渠道通道
- 實體空間
- 線上平台
- 官方網站

成本結構
- 營運成本
- 設備採購與維修成本
- 人事成本

收益來源
- 顧問服務
- 產品售出收益

TIP
※ 瞄準趨勢，2020 嶄新商機的起點。
※ 成功的企業必然面對意料之外的挫折，創業不是單打獨鬥，而是團隊合作。

創業 Q&A

廣達國際機械有限公司

GUANDA Machinery

黃建程 HUANG, CHIEN-CHENG
副總經理

以創意♥科技，打造綠色 E 世界—廣達國際機械

「廣達國際機械」- 黃建程副總，運用自身在鋼構加工領域多年的經驗，結合團隊的合作，研發出最能滿足客戶需求、解決痛點的加工設備。開發的機台設備在資料處理的部分，使用大量的拋轉技術，讓資料不要再有列印紙張的方式來呈現。

一個 20 歲的大樹可以產生 3000 張的 A4 紙張，若一年可以導入 10 間企業，10 年後可以為地球少砍筏 2200 顆 20 歲的大樹，秉持「以創意♥科技，打造綠色 E 世界」的理念，(♥：機台操作模式是人性的、簡單的、易懂的！E：透過「科技」的技術來為地球做環保、減碳) 持續為產業、消費者貢獻努力。團隊一直努力試著將自己放大，只為做得更偉大。

整合優勢及經驗，創業勢在必行

過去從事建築業的黃副總，後來踏入鋼構加工領域，深耕十七年之久，使用過國內外無數機器，對於人員操作鋼構加工設備上的需求及痛點瞭若指掌。黃副總在一次知名品牌吸塵器的分享會，受創辦人的故事鼓舞-「吸塵器不好用，何不自己製作一台？」，既然自身在鋼構加工設備擁有多年經驗，也對使用體驗上能感同身受，何不自己研究、開發出市場最需要的機器？於是邀約好友，共組股東，創立「廣達

國際機械」。

廣思集益、達權知變

廣達機械的「廣」代表「廣思集益」，一台好用的設備生成過程中，需要團隊反覆討論、蒐集各方經驗，同時滿足客戶需求，才能從中萃取出智慧結晶，生成一台最適宜的機械設備，「達」則意旨「達權知變」，當面對客戶各式各樣的客製需求，能不墨守成規，運用專業經驗，打造出最佳解決方案，「國際」則是期許廣達機械的精緻設備，能立足國際市場，打造

台灣之光形象。

曾經團隊這麼形容：「廣達應該是被機械耽誤的科技公司」，在廣達，軟體設計部門的夥伴比機械設計部門的人員還來得多，與其說是販賣機械設備，「軟體」、「解決方案」才是廣達的實力所在，黃副總解釋，經過不一樣設備加工後的成品並不會相差太遠，而如何讓客戶在操作設備上更便利、更人性化，即是廣達能與其他設備廠牌豎立差距的關鍵，也是設備產業上的一大創舉。通常機器設備在出場使用

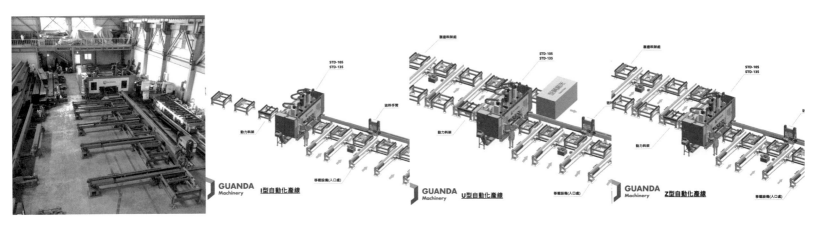

GUANDA Machinery　I型自動化產線

GUANDA Machinery　U型自動化產線

GUANDA Machinery　Z型自動化產線

後，即使使用了十、二十年，設備的系統永遠是固定的，不會修改，而「廣達」的機器內建「反饋機制」，每年自動優化系統、下載最新的軟體，機器硬體結構不變，卻能透過軟體的更新，使器械的動作變多，使用上更便利，也能應變客戶不斷增加的功能需求。

慧眼灼見、擁抱失敗，等待成功到來

黃副總分享，在真正著手創業前，理想總是美好的，事實上，開始研發後的花費以及等待的過程，都與當初想像的天差地遠。有別現今的亮眼成績，廣達也曾失敗過，黃副總表示，一開始的研發歷程，斥資的費用及時間成本都是一大挑戰，直到生產出第三台器械，才真正獲得所有團員的一致滿意並上市。

廣達機械成功的關鍵，除了團隊的協力合作，也仰賴黃副總的慧眼灼見，從最初受知名吸塵器品牌故事鼓舞，到研發過程中，黃副總意識到未來對設備的需求勢必會與科技結合，就如知名電動車品牌，早已將人性思維投入產品、硬體設備，這也成為此電動車品牌至今能獨佔龍頭的原因之一，而面對撞牆期的失敗，黃副總從知名創業家 -Elon Musk 的身上看到，在每次火箭試飛、爆炸的過程，Musk 總是擁抱失敗、從中學習，此精神也成為黃副總在研發挫折中持續下的動力。

而說到印象最深刻的事，是黃副總聽到家人看著「廣達」一路走來、從無到有的驚呼。一開始研發生產的那兩年是最難熬的，身旁的友人，對於跨足產業的黃副總有支持的人、也有冷眼冷語的言語，只有家人是無條件的支持，鼓勵黃副總「做對的事」，讓黃副總不管是面對失敗、成功，都能保持動力、繼續前進。

創業過程是痛的，回報才會是豐碩的

提到公司的未來展望，黃副總期許短期目標能每年能推出新式機種，市面上鋼結構的機器種類有數十多種，而這類機器使用頻繁，人力耗能大，目前尚未有機種能完全代替人力，而廣達正在為此方向努力，減輕廠商的人力負擔。

中期目標則是希望做到不同機種能互相串連，一個專案輸入至設備系統，就能自動辨識哪一個產線正在運作、閒置，讓生產線能更有效率，也不需耗費人力辨識、操作，達到工業 4.0 之目標。

長期的規劃也正是「廣達國際機械」一直以來的核心理念，「以創意♥科技，打造綠色 E 世界」，讓機器更有人性，也讓人力機械化、更有效率，設備使用上更輕鬆，這一理念是「廣達」的創業初衷，也是現在、未來也必定貫徹的長期目標。

黃副總鼓勵，想要創業，一定要找到對的團隊，「對的人」，比「會的人」更重要，即使過程中團員秉持不同意見，大家也能憶起當初創業的共識 -「利他人，對社會、對產業有奉獻的核心價值」，以此理念解決歧見、達成目標，並且要學會擁抱失敗，「創業過程一定要是痛的，回報才會是豐碩的」。

廣達國際機械 │ 商業模式圖

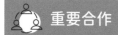 **重要合作**

· 同業間的產業知識共享、合作

 **關鍵服務**

· 設備內建的「反饋機制」、以及人性化的軟體系統

 **價值主張**

· 以創意科技為動力，讓產品更加人性與便利

客戶關係

· 各通路銷售
· OEM/ODM 服務

 客戶群體

· 任何需要使用到鋼構加工之客戶

核心資源

· 鋼構加工多年經驗以及團隊研發技術

渠道通道

· 實體空間
· 官方網站
· 媒體報導
· Line@

成本結構

· 營運成本
· 人事成本
· 設備採購與維護

收益來源

· 產品售出收益
· 廠商合作利潤

TIP

※「對的人」，比「會的人」更重要。

※「創業過程一定要是痛的，回報才會是豐碩的」。

創業 Q&A

1. 生產與作業管理

從公司創立之初，所有的行銷及產品服務定位都鎖定在鋼結構加工產業，為此，公司投入三年的時間及人力物力於首項產品"STD-105 鋼結構 3 軸加工機"的開發，終於在 2021 年末開發完成，也順利於 2022 年 5 月完成首次的交機驗收。首次交機的過程中，為廣達國際團隊真正進入市場建立的一個重點里程碑，也證明了團隊的努力沒有白費，產品的定位也是正確的方向，這也讓整個團隊注入一支強心劑，更有信心面對未來的挑戰。

2. 行銷管理

截至 2022 年底，廣達團隊交出一張漂亮的成績單，於首年上市即成交 3 個案子。在這 3 個案子中，發現因本身產品屬於長製程產品，整個銷售循環從客戶詢價，方案提出，規格確認，產品製造，交貨驗收到後續的售後服務，廣達團隊在每個階段必須跟客戶不斷的溝通確認，明確了解客戶需求，透過不斷溝通確認過程中都會拉近團隊與客戶間的距離，也因此容易建立彼此間的互信。

3. 研究發展管理

由於公司目標客戶很明確，目前我們將市場曝光分為兩階段，首先是國內市場。以往，國內鋼結構業者需要加工設備時，都是經過口耳相傳或是新舊設備進口商取得。因此，初期產品上市時公司採取的策略，除了業務拜訪外，也透過設備相關展會的參與曝光，同時加上網路跟平面媒體大量曝光，讓產品可以先在本土市場站穩腳步。待產品經過本土市場的考驗後，再推向國際市場。

我獨創角業，
廣達國際機械
電話：04-23356118
https://guandamachine.com.tw/
台中市烏日區溪福路一巷 110 弄 105-9 號

想窩11餐旅館
SHINE WORLD 11 REST

洪紹龍 LEON HUNG
董事長

傳遞情感溫度，創造溫暖新記憶想窩──11 餐旅館

洪紹龍，想窩 11 餐旅館董事長。想窩 11 餐旅館的開始來自於洪紹龍—創辦人兼董事長，對於孫子孫女疼愛，期望創造更多人與人的情感連結，所以想窩 11 餐旅館因此而誕生。

所有的開始，都是因爲愛與疼惜

洪紹龍董事長，本身是飼料工廠第四代經營，三十歲時接手家族事業，依循父親諄諄教誨，穩定經營飼料工廠與飼養肉雞工作。然而隨著年紀增長，看著兒女成家立業，孕育下一代，洪紹龍董事長期望給可愛的小孫子與孫女更快樂成長的童年，讓他們能在廣闊草地玩耍、可以自在奔跑的遊戲區，無憂無慮的茁壯成長，因此開啟「想窩 11 餐旅館」的創立之路。然而，創立「想窩 11 餐旅館」對於沒有接觸過餐飲、建築、旅宿業而言的洪紹龍董事長，從一開始就困難重重，但憑著想給孫子孫女美好的童年，以及強化人與人情感連結的使命感，在創業路上堅定向前進。

想窩 11 餐旅館
大人小孩創造美好回憶

洪紹龍董事長有感於匆匆流逝時光的可貴，因此創立「想窩 11 餐旅館」打造全新親情交流空間，讓消費者能與孩子、家人朋友在一起消磨美好時刻，從一份餐點到一份溫度，從一頓美好餐點的時間延伸至一個悠閒假期，留下歡樂又難忘回憶。

想窩 11 餐旅館結合住宿、餐廳、遊樂設施及餐廳，提供舒適空間讓消費者可以與家人朋友聚餐。建築與空間設計充滿巧思，以餐廳、住宿、遊戲區分成三大部分，多元結合打造溫馨放鬆空間。除此之外，提供住宿房客也有別於一般旅店自助式早餐，想窩 11 餐旅館提供套餐式，讓消費者更能專注在家人朋友的聊天、交流。

在艱困中誕生，不斷調整成長，
成爲回憶製造機

為了打造理想的「想窩 11 餐旅館」，洪紹龍董事長與太太到處住宿觀摩，更曾遠赴澳洲親

子餐廳觀摩，以不斷學習蒐集資料，累積多方經驗才打造出「想窩 11 餐旅館」─創造美好的回憶製造機。洪紹龍董事長說道，過程真的很辛苦，需要跨領域學習，不斷觀摩、思考、討論，但是看見能朝目標前進，也是另一種成就感與自我實現。

想窩 11 餐旅館於 2021 年開幕，正值疫情嚴峻時刻，但是洪紹龍董事長並沒有亂了步伐，反而更積極調整內裝設備、人員服務，並同步調整經營策略，提供外送服務維持基本營運，隨著疫情趨緩，品牌也撐過最艱困時間。洪紹龍董事長以堅持和耐心，不斷精進打造專注情感交流、共創回憶的空間。提供美味暖心餐點、舒適廣闊空間、活力歡樂遊戲區！想窩 11 餐旅館不只是餐飲住宿的品牌，而是一個充滿溫暖與歡熱的時光樂園。

不斷學習與調整，
成為養分與前進動力

想窩 11 餐旅館正朝著洪紹龍董事長，規劃藍圖努力前進！在短期目標，洪紹龍董事長說道，需要更精準抓住客群喜好、需求，並朝潛在客群拓展，例如：幼兒園、月子中心、媽媽社團，都是潛在商機。此外，想窩 11 餐旅館也積極拓展異業結盟，像是美甲服務、藝術表演、戶外活動等，期盼讓更多元素可以結合，讓消費者處處感受驚喜；中期規劃著重在服務品質，將持續優化與調整，並將品牌理念與經營模式拓展是全台灣；長期目標則是期盼將品牌推上國際舞台，讓全世界認識台灣新的服務，推廣三合一的商業模式。

對於想創業的人，洪紹龍董事長也給予幾項建議：
1. 創業前一定要一想好，且想清楚。
2. 堅強意志力，努力完成
3.24 小時工作的直人精神
4. 注重細節，了解品牌獨特性

洪紹龍董事長認為，不斷學習與觀摩都是有益處的！從各式各樣人事物中，學習並獲得創業養份。就像想窩 11 餐旅館，不斷調整創新，提供許多服務，為許多人提供美好回憶的製造空間。

重要合作
- 住宿 / 餐飲 / 遊戲區 三合一
- 異業合作
- (美甲 / 模式)

關鍵服務
- 住宿服務
- 餐點提供
- 大型聚會
- 遊戲區
- 戶外空間

價值主張
- 有於匆匆流逝時光的可貴,因此「想窩 11 餐旅館」誕生。全新親情交流空間,讓消費者能與孩子、家人朋友在一起消磨美好時刻,從一份餐點到一份溫度,從一頓美好餐點的時間延伸至一個悠閒假期,留下歡樂又難忘回憶。

客戶關係
- 住宿需求
- 用餐需求
- 生日派對

客戶群體
- 想舉辦宴會餐敘
- 親子客群
- 朋友聚餐

核心資源
- 住宿服務
- 餐點提供
- 遊戲區
- 戶外空間

渠道通道
- 官方網站
- 自媒體社群 (FB/IG)

成本結構
- 營運成本
- 人事成本
- 設備採購與維護

收益來源
- 產品

TIP
※ 會讀書不如會做事,會做事不如會做人
※ 做足功課,創造獨特性
※ 不斷調整創新

創業 Q&A

1. 生產與作業管理

想窩於 2017 年下旬開始規劃動工，從一片空地量身打造，每個細節由董事長帶領的團隊一一確認完成。 2021 年初完成開始試營運。2022 年 1 月 11 日正式開幕。經過了許多檢討與調整才有今天的成果。日後還有許多新的計畫等著完成。

2. 行銷管理

因為董事長很注重客人的想法與口碑，所以目前主要以提升服務品質，硬體設施為主，期望來的客人可以再次光臨。因此沒有撥過多的預算在行銷推廣上。日後會慢慢提升網路與社群上的行銷宣傳。

3. 人力資源管理

想窩希望營造的工作氛圍是像一個家，不以高壓命令方式管理。有別於傳統金字塔型的管理模式，想窩希望大家是平行，平等的在做事。畢竟在這工作時間也不少，當然要開開心心的一起努力打拼，也期望這樣的氛圍可以間接的讓客人與孩子們感受到。

4. 研究發展管理

想窩從試營運至今，遇到了兩次嚴重的疫情影響，因此無法準確的分析成長率。當遇到疫情時訂位，訂房就幾乎歸零。我們以親子客群居多，平日，假日，寒暑假也都會大大影響營業。目前有一些簡單的銷售與成長資訊可以參考，但主要還是以客人的回饋為最重要的成長分析依據。

想窩 11 餐旅館

FB：想窩 11 餐旅館

電話：04-2632-3111

臺中市沙鹿區東晉一街 11 號 1~5 樓

布英熊文化創藝美食館

創藝美食館

劉俊輝 Hero Bu
總經理

傳統產業的轉型，將美好繼續傳承—布英熊文化創藝美食館

劉俊輝，布英熊文化創藝美食館總經理。為傳承罹癌母親心願，一手接下家族事業，透過堅持與努力成功轉型，成立「布英熊文化創藝美食館」以觀光美食為主軸，並結合針車產業元素，傳承上一代心願，發揚光大。

Hero Bu
— Since 2015 —

傳承，需要上一代的用心與下一代的努力

劉俊輝總經理的母親葉秀英罹患乳癌後，放心不下三十幾年奮鬥的心血成果，因此劉俊輝總經理一肩扛起事業經營，承諾會好好經營，讓母親能夠聽從醫師囑咐安心養病。

布英熊起名的由來也大有涵意。布，是代表針車產業生產主力的帆布袋，也是家族事業的起源；英，取自劉俊輝總經理母親的名字，也是家族事業的靈魂人物—葉秀英；最後一個字，熊，是因為劉俊輝總經理的小孩十分喜愛熊布偶，象徵親子關係的融合。因此，布英熊，

結合三代的心血、心願與夢想，是世代交替傳承，也是展現親情間密不可分的牽絆。

布英熊在危機中成長，在轉型中茁壯

劉俊輝總經理說到在經營布英熊過程中，遇到的許多危機，透過每次轉型克服，都是成就現在布英熊重要決定。第一次的轉型是希望可以拉長顧客停留時間，因此開發在地食材料理，體驗趣味 DIY 外也可以享用當地美味料理，還能將特色農產品帶回家，這個改變受到顧客肯定與支持，也讓劉俊輝總經理更有信心走向下一步。

第二次轉型是在 2018 年的台中花博。原本業績不錯的布英熊卻在花博期間業績慘澹，劉俊輝總經理實地勘察後，發現自己忽略遊覽車團餐的佈局，並即刻開始調整—推出新菜單，並開始宣傳。從一台遊覽車生意開始接起，到最後一次可以接十台遊覽車的訂單，透過及時調整與洞察，順利開創新商機。第三次轉型則是在 2020 年新冠疫情爆發，因為擔任交通部培訓計畫，並擔任旅行業者講師，因有跨區觀摩機會，透過政府觀摩團的參訪與用餐，讓布英熊挺過疫情艱困時刻。

以在地食材料理「手路菜」成功征服顧客味蕾

劉俊輝總經理分享，轉型後的布英熊餐飲業績蓬勃發展。有別以往一般的餐廳聘用正規廚師，而布英熊則是任用「社區的在地媽媽」，以在地食材與手路菜，道地又傳統的美味，讓顧客每一口都能感受手感的溫度。顧客品嚐在地美味，與其他餐廳區隔差異化，然而聘用在社區媽媽，創造當地更多就業機會，創造多贏！

當劉俊輝總經理決定接手家族產業時，除了抱持著傳承母親畢生心血外，也想轉型成更貼近消費者的觀光型態。堅持不懈，找出解決方針是劉俊輝總經理一路走來的信念。

主動找出問題並解決，是成功不二法門

劉俊輝總經理對於布英熊經營，在短期穩定由布英熊發展出來的餐飲品牌「客叛意棧」與「熊粥稻」的經營；中期目標是成立中央廚房，掌握品質與口味供應給直營店，讓顧客不論在哪都能享用到一樣安心美味料理；長期目標會著重在加盟店的發展，以布英熊為根基，持續發展「客叛意棧」與「熊粥稻」子公司，建立更完善品牌形象，進一步拓展成加盟店，讓全台灣各地消費者都能享用到。

對於想創業的人，劉俊輝總經理也給予建議：
1. 要有膽識，不要怕失敗、不要怕困難
2. 從中學習經驗，都是意想不到的收穫

劉俊輝總經理強調，創業前的資金準備是最基本的，同時也需堅持與膽識，主動找問題，主動解決問題。布英熊從一開始針車傳統產業到觀光工廠的轉型，現階段餐飲品牌的經營主力，劉俊輝總經理透過一步步堅持與努力，打造出現在的布英熊文化創藝美食館，相信未來仍會傳承母親的心血，繼續發揚光大！

布英熊文化創藝美食館 ｜ 商業模式圖

 重要合作
- 在地農友食材
- 遊覽車業者

關鍵服務
- 餐飲服務
- 社區媽媽手
- 路菜

價值主張
- 以在地食材與手路菜，道地又傳統的美味，讓顧客每一口都能感受手感的溫度。顧客品嚐在地美味，與其他餐廳區隔差異化

客戶關係
- 餐飲服務
- DIY 課程

客戶群體
- 親子客群
- 朋友聚餐

核心資源
- DIY 課程
- 餐點提供

渠道通道
- 自媒體社群 (FB/IG)

成本結構
- 營運成本
- 人事成本
- 設備採購與維護

收益來源
- DIY 活動
- 餐飲

TIP
※ 主動找問題，主動解決問題
※ 要有膽識，不要怕失敗、不要怕困難
※ 從中學習經驗，都是意想不到的收穫

創業 Q&A

1. 生產與作業管理
主力產品的重點里程碑是什麼？
主打古早味鄉村料理，強化在地特色食材。

2. 行銷管理
公司目前如何行銷自家產品或服務？如果還沒開始，有什麼行銷計畫？
努力持續拓展分店，讓美味的料理人人皆知。

3. 人力資源管理
未來一年內，對團隊的規模有何計畫？
目前正儲備人力，尋找合適人選。

4. 研究發展管理
公司規模想擴大到什麼程度？
從 2023 年起，三年內要開拓 10 家分店。

5. 財務管理
目前該服務的獲利模式為何？
目前駐點的地方為醫院，美食街櫃位經營模式。

布英熊文化創藝美食館

我獨
創角
業，

UNIKORN
UNI ORN
UNI ORN
UNI ORN

LIVE

FB：布英熊文化創藝美食會館

電話：04-26839818

臺中市外埔區中山路 339 號

雅居廚櫃

兵維哲 Bing Wei Zhe
總經理

整體規劃案例 - 和室

整體規劃案例 - 客廳

整體規劃案例 - 客廳

整體規劃案例 - 小孩房

一條龍專業服務，打造高品質國民廚櫃—雅居廚櫃有限公司

兵維哲 (阿兵)，雅居廚櫃有限公司總經理。年輕的阿兵白手起家，對客戶的用心與品質的堅持，打造一條龍生產，掌握產品高 CP 值，創造客戶與品牌雙贏！也讓雅居廚櫃這個品牌口碑好評，不斷流傳。

面對意外與改變，始終堅守初心，勇敢闖出一片天

雅居廚櫃有限公司總經理—兵維哲 (阿兵)，二十歲時與人合資共同經營廚具公司，有天他抵達公司，想與合夥人討論為何公司營運總是虧損的問題時，才發現整間公司竟人去樓空，合夥人早已人間蒸發，只留下了少數的機具在原地。

面對突如其來的困境，阿兵沒有因此一厥不振或逃避問題。整理好思緒後，帶著母親僅有的三百萬積蓄，以及只許成功不許失敗的決心，展開創立雅居廚櫃品牌的第一步。

創業之路，總會遇到大小不斷的困難。阿兵認為，困難沒有多或少，只有大或小，也許今天遇到的是經營面的問題，明天要解決資金缺口，加上近幾年景氣低迷，更加深了創業的艱辛。然而阿兵並沒有覺得沮喪，反而更注重在提升雅居廚櫃產品品質，以及一條龍服務的精進，秉持著不斷學習進步的心態，繼續在專業領域發光發熱。

雅居廚櫃品牌宗旨——
誠信、務實、擔當、突破！

雅居廚櫃提供客戶廚房、系統櫃、軟裝等整體規劃服務，從聘請專業設計師製圖開始，到擁有廠區可以包辦生產組裝，以一條龍的服務流程降低成本，並將價格回饋給客戶，以高 CP 值創造消費者與品牌間的雙贏，讓雅居廚櫃在市場上更有競爭力。

「我們從現場丈量、報價出圖到安裝維修，都是一條龍服務，讓客戶不會找不到人，這也是客戶對我們最大的信任感所在。」阿兵認為，經營最重要的是誠信、務實、擔當以及突破。誠信是要說到做到，攸關品牌的承諾；務實，則是腳踏實地的做事，凡事都是見微知著，即便只是一根小螺絲的品質，對雅居廚櫃來說都是不會放過的細節。擔當，是面對客戶的抱怨或糾紛，都要有承擔的勇氣；突破，

整體規劃案例 - 更衣間　　　　整體規劃案例 - 書房　　　　整體規劃案例 - 臥室　　　　整體規劃案例 - 臥室

是創業十年仍保持謙卑，永保學習新知的好奇心，並願意持續改善產品品質、優化製造流程。

品牌一開始在雅虎拍賣、PChome 等網路商店起家，而後隨著自媒體 Facebook、Youtube 影音趨勢崛起，雅居廚櫃也順應潮流，開始經營網路社群，接觸到更多元化的客群，也投入到數位行銷的領域。每一次新的嘗試，都是給阿兵與雅居廚櫃不同的養份，繼續茁壯。

在失敗中檢討，不斷學習；
異業結合，多元展現品牌軟硬實力

　　阿兵認為，每一次完成客戶需求都是成就感來源。但是他更重視面對客訴，檢討與思考客戶不滿意的原因，不斷傾聽與調整，品牌才能不斷進步，朝著更好的服務品質前進。

除了檢討與改善外，阿兵對於公司的經營也總是採取多元開放的態度，員工對於活動行銷有任何想法，他都十分支持。雅居廚櫃曾於 2018 年時參加位於高雄的建材展覽，阿兵以夜市文化作為主題，將系統櫃與九宮格連線遊戲結合，特別的創意讓逛展民眾眼睛一亮，也提升了民眾進一步了解雅居廚櫃服務內容的意願。

有了這次的經驗，讓阿兵體悟到，無論是活動行銷或數位行銷，都是能凸顯品牌特色的方式，因此開始投入社群經營，藉由無邊際的網路讓雅居這個品牌更廣為人知。除此之外，也嘗試各種不同的線上線下活動、異業合作、拓店及其他行銷方式，期許能藉此將雅居廚櫃的軟硬實力展示在大眾眼前，讓更多人有機會能讓雅居來服務。

逃避問題，事情會增加一倍；
面對問題，事情會減少一半！

在一次政府媒合中小企業主的活動中，參訪企業的高階主管分享該公司的轉型階段，從自動化、數位化到智能化，一路皆有規劃以及流程安排，使阿兵對於雅居廚櫃的經營有了新的體悟：設定階段性目標，並依序達成！

為此，阿兵設定了雅居廚櫃未來期望達成的目標，例如：導入 CRM 客戶管理系統、規劃 MES 執行製造系統，以及 ERP 財會系統，並帶領團隊規劃了短、中、長期要完成的階段任務及目標，阿兵精益求精，帶領著雅居廚櫃不斷前進。

對於想創業的人，阿兵也給予以下建議：
1. 堅持下去，不要輕言放棄。
2. 困難沒有多跟少，只有大跟小，遇到了就面對、解決他。
3. 逃避問題，事情會增加一倍；面對問題，事情會減少一半。
4. 不斷學習與自我成長，培養閱讀的習慣，汲取他人經驗轉而運用。

雅居廚櫃 ｜ 商業模式圖

重要合作
- 建材展
- 加盟展
- 異業合作
- 藝人推薦
- 節目採訪

關鍵服務
- 廚具
- 系統櫃
- 商業空間
- 新屋裝潢
- 舊屋翻新
- 室內設計
- 軟裝設計

價值主張
- 品牌宗旨—誠信、務實、擔當、突破！
- 誠信是要說到做到；務實是腳踏實地的做事，任何事情從細節開始；擔當是面對客戶的抱怨要有承擔的勇氣；突破是不斷學習新知，改善產品並優化。

客戶關係
- 買賣交易
- 客製服務
- 品牌經銷
- 品牌加盟

客戶群體
- 民眾
- 統包
- 設計師
- 新婚夫婦
- 商業空間
- 購置新屋者
- 房產投資客
- 裝修需求者
- 加盟需求者

核心資源
- 產業經驗
- 工廠設備
- 專業技術
- 設計團隊

渠道通道
- 門市
- 官網
- 參展
- 加盟網
- 口碑相傳
- 各大社群平台

成本結構
- 營運成本
- 人事成本
- 設備採購與維護

收益來源
- 產品販售
- 案件收益
- 加盟費用

TIP
※ 創業過程中總會遇到許多困難，也會遇到貴人！多傾聽，以開放心態不斷吸收新知，都能成為創業的助力養份。不輕言放棄，成功總會到來！

創業 Q&A

1. 行銷管理

從客戶第一次接觸到成交，一段典型的銷售循環是什麼樣子？

公司採用一條龍的服務模式，從線上諮詢或門市洽詢後，我們會與客戶預約丈量，丈量完將依據現場地形及客戶需求進行報價，待客戶確認後就會簽約、選色，再依據施工圖與客戶確認施作細節，確認完就由廠務部門拆料、加工及組裝等，再由案場部出貨至現場安裝，並由設計師至現場監工及驗收。 整體與其他同業較為不同的是，公司有自己的板材加工廠、人造石廠及烤漆室，所以不管是在溝通上或交貨時間上都可以更有效率，讓顧客體驗完整的一條龍服務。

2. 人力資源管理

未來一年內，對團隊的規模有何計畫？

未來將開始著手進行產銷分離，把生產和銷售分開管理，藉此提高協調和效率，同時，公司將建立一個分潤中心，以更有效地管理盈利和虧損，確保資金分配公平，最後，預計補齊各事業群的主管團隊，以確保每個事業群都有合格的領導者，進一步提高各部門的績效，這些計畫將有助於使公司更具競爭力應對未來的挑戰，同時確保財務運營的有效性。

3. 研究發展管理

如何讓市場瞭解你們？

公司每年訂定 20% 為成長目標，並結合展店計畫提高市占率，透過公司行銷團隊進行線上及線下的品牌活動，藉此提升品牌能見度，例如：參展、產品發表會、設計盃比賽 ... 等，採用多元化的經營提升品牌形象。

我獨創業，角

UNIKORN
UNIKORN
UNIKORN
UNIKORN

雅居廚櫃有限公司

SCAN ME

●LIVE ▶

FB：雅居廚櫃

電話：06-2661064

台南市仁德區中正路一段 579 號

旺偉休閒航空

盧慶詮 Lu Chin-chuan
創辦人

主打平價飛行體驗，讓每個人享受飛翔—旺偉休閒航空俱樂部

盧慶詮，旺偉休閒航空俱樂部創辦人兼教官。自空軍軍職退伍後創立旺偉休閒航空俱樂部，除了延續他的飛行專業與興趣，也希望讓一般民眾享受飛行的自由感覺，創業路上困難及挑戰重重，他亦不畏懼，選擇堅持到底，未來將以找尋第二個飛行地和跨空域飛行為目標。

退伍後找尋再次飛行的機會，決心創業為大眾提供飛行體驗

盧教官自民國 68 年開始飛行，於 69 年畢業分發後，以空軍軍官身分飛行 20 年，直到 89 年退伍，盧教官表示，因為飛行是他的專業，也是他最熟悉的事物，希望回到本行的他，以創業的方式找尋一個再次飛行的機會，因此盧教官於民國 100 年創立旺偉休閒航空俱樂部，提供一般民眾飛行體驗，享受像鳥一樣自由飛翔的感覺。

主攻平價市場，讓飛行不再遙不可及

旺偉休閒航空俱樂部主打「平價體驗」，透過創造一個任何人都能夠享受飛行的場地，而對於畏懼飛行的客人，亦有參觀飛行場的服務，讓客人免費穿著飛行服，並與飛機合照；在認證方面，旺偉提供較為平價的初級機師證照 (Recreational Pilot License; RPL)，一般人僅需花費 20 萬即可考取，有別於 PPL(Private Pilot License; PPL)，需要花費昂貴考照費用。

談到經營理念，盧教官希望為有志飛行或有飛行夢想的人提供平價且難易度低的體驗，讓一般人有機會可以享受，「飛行並不是遙不可及的事情。」他說道。盧教官也分享旺偉的核心價值，公司的每個人不論曾任空勤人員亦或是地勤人員，他希望這些人能夠把自己過去所學貢獻出來，並不斷精進，因為未來可能面對各項未知的挑戰，每個人都必須有能力去克服，他也相信，將這些人集合在一起，才能把旺偉經營得更好，持續往前走。

不因遭逢挑戰而卻步，
以爲人圓夢作爲成就感來源

創業路上困難重重，盧教官表示，他於民國100年決心創業，在107年成功開始營運，過程中面臨各項困難，除了需要經過相關主管機關核准，找尋場地也是一大挑戰。盧教官舉例，飛行主管機關為交通部民航局，用地則須經過經濟部水利署核准，且因須遵守人民團體法，必須經內政部同意得以成立協會，他表示，他需要花費許多心思和精力與這些沒有橫向聯繫的主管機關溝通，故耗時7年終獲批准；而找尋場地方面，因用地的類別不同而各有不同的規範，他必須研究法規，並找到位於空域下方的飛行場地，期間耗費3年。雖然碰到許多挑戰，但盧教官始終堅持不放棄。他也分享令他感到欣慰的時刻，有年約50至70歲的年長人士到旺偉飛行，在一圓他們飛行夢的時刻，令盧教官感動，除此之外，亦有考取航空公司培訓機師的學生和官校畢業生至旺偉進行飛行訓練，在得知他們通過淘汰機制的測試而留任機師，盧教官表示，他也十分為他們感到開心。

堅持不懈，以開展第二個飛行場地和跨空域飛行爲中長期目標

對於旺偉休閒航空俱樂部的未來計畫，短期內盧教官希望維持現有客源，以口耳相傳的方式拓展新客源，並透過LINE、Instagram、Facebook和小紅書進行行銷；中期則預計找尋第二個飛行場地，考量現有地因河川規範無法興建建物，導致員工必須每天將飛機自停泊處托運到飛行地，十分麻煩且費時，因此希望開展第二個能夠興建建物的據點，讓飛機得以原地起降；長期而言，盧教官希望可以跨空域飛行，規劃從中部空域飛至屏東空域和花東空域。

盧教官以「堅持」作為給年輕人的創業建議，他認為，碰到再大的困難都必須堅持下去，中間只要一個放棄的念頭，都有可能讓前面的努力徒勞無功。他以自身經驗為例，在決定創業到公司營運的過程中，他花費十年的時間，雖然公司順利開始營運，但仍然有種種挑戰有待克服，儘管如此，十年間他仍不畏奚落和嘲笑，堅持創業，讓更多人有體驗飛行的機會。

旺偉休閒航空 │ 商業模式圖

 **重要合作**

· secret

 關鍵服務

· 飛行體驗

 **價值主張**

· 主打平價的飛行體驗，期許讓每個人都有嘗試飛行的機會，甚至一圓飛行的夢想，透過口碑相傳創造更多客源，未來以拓展至第二個飛行地和爭取跨空域飛行為目標。

客戶關係

· 產品買賣

 客戶群體

· 觀光客
· 有飛行夢的民眾

核心資源

· 輕航機
· 退役軍官

渠道通道

· 官網預約

成本結構

· 營運成本
· 人事成本
· 土地租金

收益來源

· 服務收入

TIP

※ 能夠把自己過去所學貢獻出來，並不斷精進，未來可能面對各項未知的挑戰，每個人都必須有能力去克服。

※ 碰到再大的困難都必須堅持下去，中間只要一個放棄的念頭，都有可能讓前面的努力徒勞無功。

創業 Q&A

1. 行銷管理

公司社群媒體的策略是什麼？

行銷以 FB, IG, 小紅書及其它平台如 FUN NOW, KLOOK, KKDAY, 奧丁丁等提供服務 良好的客服從接到電話或 Messenger 開始 本著以客為尊的心態 完整的回答客戶需求 另客戶首次體驗飛行透過彼此互動 讓客戶留下永生難忘經驗 藉此讓客人回頭及介紹他人參與體驗以達成一完美循環。

2. 人力資源管理

團隊的協調如何執行？有特別下功夫在這塊嗎？

精通英文的行政及機務人員 另團隊的協調交由專業的執行長負責執行。

3. 研究發展管理

如何讓市場瞭解你們？

透過電腦行銷軟體如 FB, IG, 小紅書等的無遠弗屆讓市場得以了解我們。

4. 財務管理

成長增速可能會遇到哪些阻礙？

硬體設施如棚廠擴建礙於法規無法完成。

旺偉休閒航空

電話：04 9251 2908
https://flyownway.weebly.com/
414 台中市烏日區慶光路 59-6 號

邱顯義 Sun Chiu
創辦人

消費產品永續化　BAGLOK 做「會認主人的包」

BAGLOK 很特別！和其他創業者不同的是，以「能做什麼、怎麼做」來做創業根本，因其創業夥伴 Flora 家族從事的是外銷全世界的智能設備，他決定和夥伴「一起來合作一件事」，決定發明一種「會認主人的包」，以有趣的奇思妙想來創業，想做一些沒人做過的事，一開始也令人匪夷所思，結果越來越多人對此構想很有興趣，以生物辨識技術結合其專業，成為創辦人邱顯義 Sun 創業的關鍵。

植物皮革製包
地球得以被永續保護

對新事物充滿興趣的 Sun 說，喜歡從各種創業故事裡去探索新的事物，台灣其實有很多優質廠商，「包包是除了手機之外，人最需要的東西」，所以 Sun 其實一直以來都在尋找台灣優質廠商來合作，而 BAGLOK 的包款設計師即是他的團隊合作夥伴 Riki ——花蓮青年在米蘭已獲得國際時尚品牌終身合約，在國外學習成長，無論是品牌、包款、團隊，

在 Sun 眼中都有無可控制的想像力。他也說，根據市場調查發現，也許近 40 歲的世代，消費觀較偏向功能性、實用、價格、外觀等綜合考量，但新世代則著重自我價值的呈現，且 30% 消費金額掌握在 30 歲以下的族群，收入也許不那麼高，但消費力驚人，「很酷、很有趣」成為年輕世代消費的主因。但 Sun 也坦言，因為他的團隊相當年輕，當他在帶團隊時，也會遭遇挫折與失敗，但其實大家從失敗中再站起來的心裡素質相當強，得失心不那麼

大，很快的就能再重新出發，同樣的他也並不想獨佔市場資源，他很願意與其他企業分享，團隊中擁有各樣資源技術，激盪交流出各種想像，這也是整個團隊能快速前行的原因。
因此當 Sun 提出要設計「會認主人的包」，隨即與團隊合作夥伴一拍即合，但一開始想以環保回收品來製包的想法，其實備受質疑，因其在亞洲銷量並不好，合作夥伴建議以皮製品來製作，但 Sun 一口回絕，更面臨部分皮類原料難以購買的窘境，一一克服困難後，

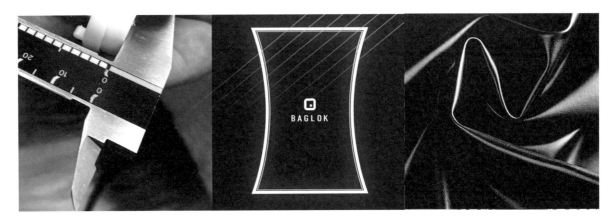

最後以植物皮革來製作，他也坦言台灣並非只有他使用植物皮革，但他願意以環保概念的角度來製包，以仙人掌為包款原料，其實除了更環保省水之外，植物再生能力更強，使用年限更長，打破「經濟與環境保護一直以來都是對立的」的觀念，他提出一個觀點，「如何能把消費性的產品永續化」成為他創業產品中很重要的一點，「一英畝的仙人掌可以讓消費者滿足購物慾望、廠商得到利潤、地球得以永續被保護的良善循環。

想像未來生活樣態 成創業成功關鍵

BAGLOK 希望將此種植物皮質廣泛應用在生活中，Sun 不認為此款皮質只能被運用在奢侈品或包款上，所以他很樂意將此種皮質做異業分享，因此此款包兩大特色，一是具生物辨識的智能鎖，另一則是具環保構想的植物皮革製品，BAGLOK 品牌命名很直觀，也恰恰符合年輕市場消費的目的與習慣。

Sun 說，此品牌的創立，不只是要跨入製作包包的行業而已，他的想法是透過這樣的設計，擷取各國先進的技術與知識，透過交流與衝擊，想像未來生活的樣子，去整合出更適合未來生活的產品，未來可能也會運用在寵物用品、登機箱、珠寶盒…上，也希望透過跨國資源的整合與合作，與大品牌異業合作，讓更多行業具備不同的想像力，去打造更不一樣的生活樣態，這也是未來的目標。Sun 與其團隊期待生活是具豐富性的、是有樂趣的，用科技的創新腳步，發掘生活的無限可能，未來期待的未來就此實踐！

把想像實際化 勇敢去做不放棄

Sun 說，他的團隊成員裡平均年齡是在 24 歲，當所有人在說創業一定要具備資金 . 技術等等，Sun 提出一個較不一樣的觀點，「誰說創業一定要有錢才能做生意，誰說你的想像要成真一定要有強大的資源」，對他而言，新知識也是一種 data，當你的想像夠有價值、夠有利基點，把概念貫徹到極限，那就成為了你的專利，別人自然會來合作，現在是相當適合創業的世代，對於年輕人要創業的建議，就是去做沒有人做過的事，永遠保持對新事物的熱情，會去尋找合作夥伴、尋找創業動機，其實接受國外觀念已久，他坦言以台灣的教育而言，提供的資訊不多，建議想創業的人，要勇於走出去，去接納新知識，勇於想像，並把「想像」貫徹，努力做功課，將概念成真，不隨便放棄，為這件事負責，他追求的是全然不同的創業方式，也在尋找志同道合的創業夥伴，完成他的創業夢。

BAGLOK | 商業模式圖

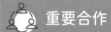 **重要合作**
- 品牌聯名
- 技術授權
- 通路行銷
- 連動代言

 關鍵服務
- 透過獨家專利技術獨創未來智能生活風格

 **價值主張**
- Move to Next
- 純粹往想像的地方前進

客戶關係
- 透過持續的產品開發走進客戶生活的細節處。
- 透過技術的應用創意與合作企業打造新品類。

 客戶群體
- 智能科技
- 時尚先驅
- 永續理念擁護者
- 跨領域技術合作者
- 延伸開發者

核心資源
- 原企業體系
- 核心專利技術
- 精品產業資源
- Big Data

渠道通道
- 創始成員原企業體系
- 歐洲品牌體系
- 私人創投

成本結構
- 行政運營
- 專利維護
- 研發迭代
- 公關行銷
- 渠道建立

收益來源
- 品牌價值
- 零售、代理
- 技術授權
- 異業合作

TIP
※ 一個很酷的想法，會延伸出很多更酷的事情。
※ 如果你的想像夠有價值，資源會主動來找你。

創業 Q&A

1. 行銷管理

身為一個小型初創並且品項稀少的公司，我們初期會針對主要市場，透過多元線上渠道，包含有機 (Organic) 與無機 (Inorganic) 的曝光和互動，在有限的資源內，增強無形資產 (Intangible Assets) 的比重，並以有效且定期的內容鋪墊與策略，來衡量每個時期的績效指標。從第一批互動者中獲取第一手數據庫與客戶資料，藉此模擬市場嗜好與未來走向。每一個線上線下的接觸點 (Touchpoint) 都將為第一批產品使用者 (User) 是否能成轉化為提倡者 (Promoter) 扮演重要角色。無論賣點、故事、語氣和形象都需經過打磨，而成為符合時下潮流的品牌 (Brand)。

2. 財務管理

主要獲利來源分為四種：專利授權金、專利延伸技術、商品銷售額、品牌價值！基於團隊主要成員的關係鏈與背景，我們可以發展 to B + to C 的雙軸營運模式。因應全球經濟購買行為的轉移，末端產品主力將會以網路線上作為銷售渠道，而技術合作廠商則將成為我們可信賴的技術延伸開發夥伴，同時也委任了極具跨國專利申請與與法務經驗豐富的事務所作為智財顧問。

以上是理性面的部分，實際上，我們真正銷售的，並不是包，而是一種未來的生活態度，是一種先進的想像，是一種很 cool 的感覺。過去情感面的意義往往被人所忽略，但在今天這個世代，每個人都想表達自己，每個人都有話要說，每個人「都想做自己的主人」。概念變現，是一個嶄新的市場角度，而我們以一個全新的品牌來進入這個市場。

Buy it, you are the master.

拾憶設計藝術有限公司

陳宣齊 Chen Hsuan Chi (創辦人)
陳宣翰 Chen Hsuan Han (執行長)

THE TIME
拾 憶 窗 藝 制 作

拉開一片窗，用堅持成就每次的感動—拾憶設計藝術有限公司

陳宣翰，拾憶設計藝術有限公司執行長。因為家中經營窗簾事業，從小在觀摩與學習下，累積許多相關窗簾知識，也對於「窗簾」可提供消費者的「價值」，有著自己獨特的見解，建立全新窗簾品牌。

拾憶—拾起過去經驗與回憶，成為未來每一步前進養分

陳宣翰執行長，從小在家族窗簾事業耳濡目染下，培養對於窗簾深厚的知識涵養，並帶著年輕夥伴的熱情與創意，注入全新想法。有別於家族老字號事業，打造全新品牌，為自己與夢想打造一窗景色。

一開始，陳宣翰執行長在台南永康區成立了「拾六日窗藝制作」，品牌理念象徵十六歲成年後離開父母的年輕人，來到陌生城市為未來打拼，與大家一起編織生命故事。累積經

驗後，在高雄成立窗簾店面，提供更大的展示空間，讓消費者的消費體驗更加完善。為了品牌宗旨傳遞與管理效率，成立「拾憶設計藝術有限公司」與客人一起拾起過往回憶，以過去累積經驗與客戶肯定，成為拾憶設計進步養分。

陳宣翰執行長認為，窗簾看起來細微，總是在邊角並不起眼，卻是影響空間佈置的關鍵因素，因此期望透過拾憶團隊與設計師的專業相互配合，讓窗簾與原設計相互搭配，提供預期之外的氛圍美學，這就是拾憶設計品牌價值，也是與其他窗簾品牌最大差異。

拾憶設計，是窗簾的設計師

一般大眾對於窗簾可能沒有特殊想法—最直接聯到就是遮陽的功能。因此，陳宣翰執行長期望透過拾憶的服務、解說，讓客戶了解—窗簾不僅是遮陽功用，顏色深淺、材質、裁縫技術都可以影響整體的空間視覺。陳宣翰執行長提到，一樣顏色的窗簾，選用不同面料，例如絲質和亞麻，可以打造出截然不同的風格，規劃窗簾時需要針對整體空間做評估，與室內設計師的理念產生連結，才能真正完整呈現整體氛圍。

拾憶透過窗簾專業知識、布料數據分析，連結設計師的空間規劃，讓窗簾與空間設計相互呼應搭配，讓使用者的視覺體驗與生活機能更加完美！

在意客戶意想不到的細節；
解決客戶沒發覺的問題

陳宣翰執行長說道，拾憶除了提供樣式選擇、裝設服務外，更貼心向客戶說明裝設後窗簾收合大小、遮蔽的範圍，設身處地站在客戶角度著想，避免因為裝設窗簾，而遮蔽住原本的窗外美景，拾憶細心替發現問題並提供解決方案，這樣貼心的舉動，無形中提升客戶對於拾憶好感度與信賴感，打造品牌好口碑。

拾憶不僅提供客戶窗簾裝設服務，運用專業協助客戶不曾留意的小細節，而這些小細節，都是對客戶有實質幫助的，讓精細規劃的家，更完美及溫暖。從細節展現品牌與其他競品的差異，也是拾憶的獨特價值。

創業一定要有清楚目標，
才能在艱困中勇往直前

關於拾憶的未來經營目標，陳宣翰執行長有著規劃好的藍圖。短期目標仍然用心服務客戶需求，深入服務品質，提升客戶的信賴感—關於窗簾的大小事找拾憶就對了！運用口碑行銷拓展新客戶的服務機會，提升品牌忠誠度，期望成為設計師與客戶窗簾設計唯一指定！

而在中期目標，將對原料商的品質嚴格把關，讓客戶滿意拾憶商品品質及服務，陳宣翰執行長也特別提出時程掌控，為了避免時程的延宕，而影響客戶對於品牌信賴感；除了現有服務外，拾憶也正在規劃發展電商以及線上服務，提供距離較遠的客戶挑選樣式，享受高品質的拾憶服務。更希望透過線上宣傳，讓品牌被更多消費者所熟知。在長期目標，希望推動拾憶成為上市櫃公司，除了讓品牌知名度更廣，也能將品牌理念拓展，獲

得更大的認同與支持。

拾憶並非老字號品牌，透過布料數據分析滿足客戶需求，一群年輕人用著熱情，為自己開創「一窗」夢想藍圖。

對於想創業的人，陳宣翰執行長給也予建議：
1. 確立好目標，中間遇到困難才能有毅力堅持
2. 一顆強大心臟、一個勇往直前的衝勁：遇到問題時不要玻璃心，面對且解決
3. 為自己想好退路：創業之路十分艱辛，須要有承擔風險的能力，想好退路才能無所畏懼。

在創業之路，每個階段總會遇到大大小小的挫折，為自己留好退路，做好準備，才能面對困境更加勇往直前。

拾憶設計藝術有限公司 | 商業模式圖

重要合作
- 設計公司
- 設計師
- 建設公司
- 個體戶

關鍵服務
- 產品類：窗簾、壁紙
- 地毯、布類產品
- 服務類：窗簾設計、設計師合作

價值主張
- 拾憶擁有多元風格產品與全面性的審美角度，提供市場高度專業的服務品質，包含業界少見的軟裝 3D 模擬示意圖，與室內設計師相互搭配，做出市場區隔，創造高度獨家競爭力，展現品牌無形價值。

客戶關係
- 提供專業材料
- 提供專業規劃
- 提供精緻安裝
- 售後問題處理

客戶群體
- 有窗簾裝設需求的個體戶
- 設計師的客戶
- 需要與眾不同產品的客戶

核心資源
- 窗簾產業
- 窗簾設計

渠道通道
- 服務人員
- 粉絲專頁
- Line@ 官方

成本結構
- 營運成本
- 人事成本
- 設備採購與維護

收益來源
- 產品銷售
- 窗簾設計服務

TIP
- ※ 在意客戶意想不到的細節；解決客戶沒發覺的問題
- ※ 創業之前，擁有明確目標以及一顆強大的心臟
- ※ 透過數據分析與經驗，發掘客人需求、縮小想像與實際的差距
- ※ 每一次細心與堅持，成就每一個細節的感動

創業 Q&A

1. 行銷管理

百分之八十的客戶，都是透過設計師轉介紹，客戶來店時從介紹產品開始，到案例討論，以及範例說明，在店內也可以讓客戶體驗產品的質感，操作的方式，確認個空間需求及形式之後，接著到現場去做丈量，確認報價沒問題，視情況做二到三次複勘，與客戶做最後訂單確認，付訂金開始製作，由於進口品都需要運輸時間，會請客戶預留三至四周作業時間，提早規劃，安裝完畢，驗收無誤就可以結案。

2. 人力資源管理

我們合作對象主要是設計公司，設計師，及建商。 在選擇上沒有特別限制，但透過我們的專業介紹及規劃，只要能與設計師及業主產生相當程度的共鳴，這樣的客戶就會是我們的主力對象，或是設計師能理解我們公司設立的目的及定位時，更能成爲我們長期合作的對象，因爲會幫助我們與客戶做三方面的溝通，讓客人對於軟件規劃能更有想像及想法。

3. 研究發展管理

透過 Facebook，Instagram 廣告，以代理品牌，情境式照片，設計師攝影照，客戶可以了解到我們是走細節及質感規劃的方式，進而吸引他們來店，來店之後再將建議及規劃傳給客戶了解，爲什麼他們要用這樣的布料，這樣的商品，對於他們來說除了使用便利性，更是增添原有室內設計風格的變化，也能了解到爲什麼我們總是希望客戶提前規劃，才能依照需求，請設計師在裝潢時留下相對應的空間。

我獨創角業，
UNIKORN
UNIKORN
UNIKORN
UNIKORN

拾憶設計藝術有限公司

● LIVE ▶

電話：07-222-6035

FB：The Time 拾憶窗藝

Email: hsuanchen15@gmail.com

Chapter 4

DR.DEAN 2

Dean Huang
創辦人

2021 創作者社團年末聚會合照 /2022 亞洲創作者大會座談嘉賓 /2022 創作者社團年末聚會合照 /2023 亞洲創作者大會諮詢導師

創造自我價值— DR.DEAN

Dean，為 DR.DEAN 品牌創辦人。18 歲起透過寫作，在網路上開拓創業道路。起初以分享生活文章，獲得讀者喜愛，慢慢累積流量。Dean 運用自身寫作天賦，用文字溫度打動讀者外，更進一步打造部落格創作者平台，讓更多與他懷抱相同夢想的創作者，可以找到發揮舞台，找尋自我價值。

運用專長，累積資產

Dean 說道，會開始踏上創業這條路，受到高中教官影響很深。這位教官在軍訓課堂中講解理財觀念，像是現金流、收入支出、資產負債表等，Dean 不禁思考是否能用自己的專長—寫作來創造資產，進而累積財富呢？這堂有別於以往的「軍訓課」，默默在 Dean 的心中埋下一顆追逐夢想的種子。

Dean 從小展現出優越寫作能力，與 Dean 的生長環境有關。Dean 小時候家中沒有電視與電腦，只有滿滿的書，所以課餘休閒活動就是看書，常常在閱讀後寫下讀後感想與觀點。Dean 流暢文筆與細膩情感描述，很快受到師長的注意，尤其是校長，為了培養 Dean 更紮實的寫作能力，更聘請知名講師來指導 Dean，就這樣透過長期訓練，Dean 寫作掌握度越來越穩定，對於文字的喜愛與熱忱也越來越深。

「簡單實踐」
成為每個人的創作處方箋

Dean 將「DR.DEAN」品牌定位在簡單實踐，並以「學習、創作、傳承」作為品牌經營的三大方向，利用簡單的三項循環，打造高價值的人生。

Dean 認為，學習會是第一步，因此 Dean 擔任知識媒介的角色，親自體驗並整理多元的學習資源讓讀者選擇與運用。

第二步是創作，Dean 將自己創作的經歷分享於網站中，實踐利用網路創作達成「先決定生活，再決定工作」的型態，透過文字描繪自己的故事影響讀者。

最終是傳承，利用自身專業經驗，協助讀者把自身知識轉換成可傳承之型態，像是製作成個人作品集、部落格、電子書、課程或講座。Dr.Dean 以三大方向「學習、創作、傳承」環環相扣，創造一個利己利他的正向循環，每

各大院校及企業演講 / 舉辦線下實體工作坊 / 擔任緯創集團數位轉型顧問 / 當選首屆自媒體工會會員代表

個環節都由 Dean 親自體驗並實踐，充分展現品牌宗旨「簡單實踐」。

堅持的信念，
也許某天會成為別人重大的影響力

Dean 在大學時期，了解自身性格與目標，因此決定不與其他同學一樣，求職進入公司就職，Dean 開始思考一如何透過網路寫作打造理想生活，為了尋找潛在商業模式，Dean 花了大把時間在圖書館，一邊研究著各種網路商業與行銷知識，且不斷寫作累積內容的產出。

Dean 說道，能夠堅持住創業的艱辛，主要來自於目標達成的成就感，自我肯定是 Dean 能夠不斷往前的動力。然而，當 Dean 自我懷疑、困惑自身價值時，讀者的回覆總能讓他在低潮時獲得能量，重新出發。

一位來自憂鬱症讀者 6000 字的真摯回覆，即使

好一段時間過去了，依然讓 Dean 歷歷在目。這位讀者因為憂鬱症緣故，讓他無法正常生活。某天偶而讀到 Dean 文章，被細膩且有溫度的文字吸引，一篇、二篇……漸漸的這位讀者看著 Dean 定期分享生活、逐步成長的內容，同時也給讀者激勵，找到生活方向，慢慢恢復規律的生活一正常吃飯、睡覺。

Dean 說道，當時閱讀完內心百感交集，原來自己堅持信念，在某天可以成為他人重要的影響力，Dean 也了解到一對於自己稀鬆平常、微不足蹈的小事，對於其他人也許意義非凡。

不要害怕嘗試！
動態調整，堅持下去！

Dean 提起關於 DR.DEAN 未來規劃。短期以社群為目標，讓更多創作者有管道可以彼此交流；中期目標則是規劃推出知識型產品，像是訂閱制、

工作坊、講座等，來回饋給長期支持品牌的忠實讀者；長期目標則是 Dean 的夢想一能夠買塊莊園，每天寫作、沉浸在大自然中，真正落實新型態工作與生活結合的模式。

最後，Dean 不吝嗇分享創業心法，網路創業比起傳統實體創業，並不需要龐大成本，降低的門檻意味著每個人都可以嘗試，都有成功的可能！Dean 也提醒想進入網路創作領域的讀者，以開放心態盡力執行，創作需要時間、內容需要一點點累積，最重要的是學著動態調整，並堅持下去！

DR.DEAN ｜商業模式圖

重要合作

- 1. 官方網站合作：產品資訊推廣、廣告刊登、內容授權
- 2. 臉書社團合作：活動聚會
- 3. 專業顧問合作：網路發展諮詢、生態資源分析

關鍵服務

- 網站內容策展
- 網站寫作培訓
- 網站策略規劃

價值主張

- 品牌定位在簡單實踐，並以「學習、創作、傳承」為三大發展方向。提供各式學習資源，分享個人創作經歷，幫助讀者進行個體價值的傳承。

客戶關係

- 內容資源
- 網路服務
- 活動聚會

客戶群體

- 網路創作者
- 自由接案者
- 一人公司創業者

核心資源

- 學習資源 / 技巧
- 內容創作經驗
- 網路運營技術

渠道通道

- 官方網站：Dr.Dean² 的處方箋
- 臉書社團：部落格 DNA、跟著 DEAN 學一點

成本結構

- 基本運營成本（網路、水電等）
- 硬體成本（電腦、麥克風、鏡頭等）
- 軟體成本（網域、主機、電郵工具）
- 人事成本

收益來源

- 合作推廣
- 廣告收益
- 內容授權
- 線上課程
- 個人服務
- 實體教學

TIP

※ Tip：現在做的事，不知道什麼時候會成為別人重大的影響力。

創業 Q&A

1. 生產與作業管理

如何精準的執行在目標上？

大部分人在建立個人品牌時，最大的問題都只是向外去學習「形式」，而缺乏「向內」的探索。當一個品牌缺乏核心理念時，就容易去做一些對大方向沒有幫助的事情，也容易花很多不必要的時間去產出不適合自己的內容。我認為精準執行目標的關鍵，就是認識自己，確保這個目標是自己真正想做的，也是真正會有熱情的，自然就會很快速地完成。

2. 人力資源管理

合作對象的選擇和注意點？

一人公司最大的挑戰就是尋找外包對象。在向外尋找合作夥伴時，我秉持著「寧缺勿濫」及「快速替換」的原則。即便知道某個業務外包可以省掉大量的時間成本，但只要沒有找到一個價值觀相符合、專業能力有符合個人標準的合作夥伴，我會寧願花時間自己來做；而即便找到了感覺合適的合作對象，如果在合作過程中有感受到任何不對勁，也會立即再將其替換，不做過多猶豫。

3. 研究發展管理

公司規模想擴大到什麼程度？

我覺得很多時候都應該思考一個公司是否「越大越好」？當時自己在成立公司、創立品牌時，就決定未來公司規模就維持在一人公司，不以持續擴張為目標。因為我認識的自己，是喜歡一個人做事的。一個人的事業，可以跟生活結合。現在的我，是先決定了自己的生活，再去選擇自己的工作，有更多自由的時間可以去體驗這個世界，以及更認識自己。

DR.DEAN

FB：Dean Huang

Email：dean@deanlife.blog

電子報：mail.deanlife.blog

那口子酒吧

Narcos Bar

S84D.3Y7

林芷安 Nélida Lin
創辦人

NARCOS
20 THE BAR 22
Taichung

華麗精緻、舒適愉悅的酒吧文化 -Narcos Bar_ 那口子酒吧

「Narcos Bar/ 那口子酒吧」，由林芷安創立，因為自身對「酒吧文化」的著迷，而有了創立酒吧的起心動念，為了達到創業夢想，過去沒有相關經驗背景，純粹是「消費者」角色的芷安從零學起，學習調酒知識、經營管理，也曾到墾丁朋友的酒吧學習，從「外行」學起，過程必定充滿挫折與不適，而在芷安心中的「夢想藍圖」，支持她排除萬難也要堅持下去。當一切準備就緒，芷安創立「Narcos Bar/ 那口子酒吧」，主打台灣精釀啤酒、特製調酒，以華麗精緻風格打造氛圍，期許客人來到這裡能愉悅舒適、放鬆社交。

華麗精緻、低調溫馨

創辦人林芷安，說起創立「Narcos Bar/ 那口子酒吧」的起心動念，來自自己喜歡「夜生活」型態，喜歡酒吧輕鬆、愉快的氛圍，也是絕佳的社交場合，並且看準未來酒吧市場尚有成長空間、商機，於是鼓勵自己勇敢創業，創立「Narcos Bar/ 那口子酒吧」，座落於台中精華區域：精明一街，以「大亨小傳」風格，打造華麗精緻環境、同時低調溫馨之氛圍，主打台灣精釀啤酒、特製調酒，致力塑造台灣獨特的「品酒文化」，並期望未來將精明一街打造成為「酒吧街」，形塑在地獨樹一幟的文化。

賓至如歸的款待 - 一試成主顧

「那口子」一詞，又有「毒梟」之意涵，取名為「那口子酒吧」，期望帶給客戶與店裏溫馨氛圍之「反差感」形象，也期許客戶上門能「一試成主顧」，有如「上癮」一般，喜歡上「那口子酒吧」的服務與飲品。

芷安認為台灣在地精釀啤酒不輸國外品質，風味更是多變具有層次，於是台灣精釀啤酒成為「那口子酒吧」的主打，嚴選在地精釀啤酒品牌，期待驚艷客戶的味蕾。另一特色酒品是「紙醉金迷」蘋果白蘭地，使用自製特調茶酒，搭配蜂蜜，蘋果風味的完美比例，調配出甜而不膩、酒感輕盈的酒品，是店內現在十分歡迎的產品之一。除了提供各式精釀啤酒、調酒，也供應多種種類餐點，讓客人在這裡享受「那口子酒吧」的精緻氛圍，佐以美味餐點及飲品，沈浸在賓至如歸的款待。

堅持的動力：追夢之熱忱

在華麗精緻的外表背後，蘊含的是創業者過去經歷的困難與挫折，芷安說明，自己並非

像其他酒吧品牌，創立原因是過去擁有相關經驗及人脈資源，芷安創業，純粹是喜歡「酒吧文化」。為了創業，芷安從「消費者」角色開始從零學習，花費了一整年的時間，學習酒類知識、經營管理，努力不懈就為了趕上其他人既有的經驗與資源，客源也是靠個人一步一步慢慢累積，才讓「那口子酒吧」現有穩定成績。「萬事起頭難」，芷安回憶起這段從「外行」進入到「內行」階段的日子，迷惘又充滿挫折，然而，想到夢想之藍圖：華麗不失愉悅的社交酒吧，又讓芷安更有動力突破難關、前進，堅持直到酒吧落成、夢想成真。

做足準備、堅持到底

說到「那口子酒吧」的未來目標，芷安期望能提高品牌的辨識度及忠誠度、加深口碑以及建立形象，客人想要去酒吧就會聯想到「那口子」。中期規劃則是開立分店，不只在台中，其他區域的民眾也能有機會到訪「那口子」體

驗。長期目標則是走向國際、推廣台灣在地精釀啤酒，行銷台灣獨特的「品酒文化」。

對於也想創立酒吧的建議，芷安分享，創業以前，需全然的了解市場、分析需求，針對「趨勢」推出創新服務，以在初期即能吸引目標族群、立即營運。最重要的是，即使挫折、困難重重，也要堅守夢想到底，「唯有堅持，才有機會實現夢想的藍圖」。

Narcos Bar_ 那口子酒吧｜商業模式圖

重要合作
· 各大部落格
· 自媒體合作

關鍵服務
· 台灣精釀啤酒品牌
· 特製調酒
· 美味餐點

價值主張
· 「大亨小傳」之華麗風格裝潢，打造溫馨放鬆之社交場合，佐以用心調製之特色酒品及餐點。

客戶關係
· B2C

客戶群體
· 任何喜歡飲酒文化之族群

核心資源
· 嚴選在地台灣精釀啤酒品牌及特製特條調酒。

渠道通道
· 實體空間
· 官方網站
· 媒體報導
· Line@

成本結構
· 營運成本
· 人事成本

收益來源
· 顧客收益

TIP
※ 創業以前，需全然的了解市場、分析需求，針對「趨勢」推出創新服務。
※ 唯有堅持，才有機會實現夢想的藍圖。

創業 Q&A

1. 行銷管理

目前的行銷計畫著重於 Instagram 廣告以及定期與節慶的促銷活動露出，公關策略著重在於調酒師及工作人員於現場客人的交流，讓客人感受賓至如歸的親切感，也能增進回頭率。我們於社群媒體上除了打廣告，也會定時 Po 文發限時動態，讓潛在的顧客對我們產生想來的慾望與興趣。接下來除了節慶活動，我們也會發起一系列的平日優惠，例如滿額可抽獎或是折扣優惠。在酒吧的典型銷售循環大概是幫客人介紹我們的特色飲品及正在進行的活動，客人再依自己的喜好點酒後，我們會再詢問味道是否合意再予以調整，最後再結帳結束交易。

2. 人力資源管理

近期已經指派一位資深調酒師為店長，來處理店裡大小事，未來一年希望維持主要調酒師及再徵一位外場工讀即可，因為店面不大，這樣的操作較能減少人力成本，團隊協調大家也都勇於表達自己對店裡的想法與展望，再提出來大家一起溝通可行性或細節。團隊由一位資深調酒師來帶領其他同仁，只要肯學他皆不吝教學。合作對象的選擇必須有一定的社交能力以及專業知識，也能維持整個團隊氣氛協調。

3. 財務管理

目前獲利模式還是主打與調酒的販賣，我們也提供開酒的服務。目前在未來尚無增資計畫，不過目前台中酒吧仍持續有新店開幕，可能會分散人群成長增速遇到阻礙。我們產品由台灣精釀啤酒售價為 250 元到開一瓶酒 9000 元都有，最暢銷的還是我們特色精緻調酒為 400 ～ 450 元不等。

我獨角
創業，

Narcos Bar_ 那口子酒吧

• LIVE ▶

電話：02-8512-2123
www.sy-thermal.com/index.php
新北市三重區興德路 123-9 號 12 樓

李佳相
創辦人

敬業聯合會計師事務所 台南分所

圓一場人生的夢想—敬業聯合會計師事務所 台南分所

李佳相，敬業聯合會計師事務所台南分所創辦人。原本在人人稱羨的四大會計師事務所服務，為了完成人生夢想，於44歲時毅然決然離開服務多年的事務所，創立敬業聯合會計師事務所，以日本經營之神—稻盛和夫先生經營理念，打造出自己的創業版圖。

創業不僅是夢想，當我擁有更多能力，才可以幫助更多人

李佳相會計師在四大會計師事務所服務期間，心中就有一股想法—創業，打造自己的創業版圖。李佳相會計師說道，人生總有個夢想，而這個夢又剛好是自身可承擔風險內，那就勇敢去試一試！除了圓夢外，李佳相會計師了解到，繼續當上班族，無法獲得足夠的財力與人脈，是無法運用自己在會計專業領域，幫助更多人解決問題。

因此，李佳相會計師開始創業準備，一面累積經驗、資金，同時也在培養人脈關係。終於，在李佳相會計師44歲時，時機各方面都成熟了，李佳相會計師離開原本服務事務所，正式成立敬業聯合會計師事務所台南分所。

不論客戶大小，都以最嚴謹服務態度

敬業聯合會計師事務所台南分所成立於民國104年，服務項目包含：審計、稅務、企業管理諮詢、工商登記，除了基本的帳務服務、公司設立，也協助稅務規劃與內部控管。

李佳相會計師說道，之前任職於四大事務所時，客戶大多是上市櫃大型企業，創後業服務客群以中小企業、傳統產業為主，所以敬業聯合會計師事務所台南分所秉持「你的小事，是我們事務所大事」，不論客戶公司大小，李佳相會計師都用高水準服務品質、最嚴謹態度服務，解決每位客戶問題。

近期隨著事務所業務的擴張、人員擴編，李佳相會計師對於創業經營有了新的看法，李佳相會計師引用日本經營之神—稻盛和夫先生理念：「追求全體員工在物質與精神兩大方面幸福」李佳相會計師期望透過合理的薪資報酬，以及傳達事務所的品牌理念，尋求員工的認同與精神寄託，以自身工作與事務所為榮，並進一步達到社會貢獻。

不僅在專業領域的發揮，李佳相會計師希望能照顧到員工身心靈發展。

與客戶在同一陣線！
你的小事是我們的大事

李佳相會計師雖然有四大事務所任職經驗，累積穩固會計專業，但是在創業初期，仍受到許多挑戰。李佳相會計師遇到第一個創業課題就是─如何開拓客源？必須從原本熟悉的會計領域跨足到更廣，像是業務、經營，都是李佳相會計師之前經歷不曾接觸過的，當遇到不熟悉領域時，總是會要受客戶的質疑，但是，李佳相會計師並沒有因此退縮，對於不熟悉的事務多學習、多歷練，李佳相會計師相信，問題都會迎刃而解。

創業過程艱辛，當收到客戶的感謝時，是李佳相會計師持續堅持的動力。李佳相會計師說道，受到新冠肺炎疫情影響，臺灣內需市場如餐飲業、旅遊業等產業衝擊甚鉅，因次李佳相會計師成立專門紓困小組，整理各大產業的補助方案，協助客戶申請。李佳相會計師認為，第一時間提供必要服務，讓客戶能舒緩營運壓力，給予最即時性協助！就像開頭李佳相會計師提到─「你的小事都是我們事務所的大事」，與客戶站在同一陣線，是敬業聯合會計師事務所台南分所受到客戶肯定與信賴的原因。

目標清楚、堅持努力，
用知識產生力量、創造商機（業績）

對於未來規劃，李佳相會計師說道：目前基本業務外，將致力於異業合作，結合勞資顧問、政府補助、人才培訓團體，提供多面向服務；針對二代傳承、接班顧問，協助創新團隊規劃，資金以及經營股權問題協助。

在既有客戶，將透過上中下游產業整合，提供同產業、跨產業資源共享，業資互相成長，打造雙贏局面！

李佳相會計師給予在會計領域、想要創業的年輕夥伴建議：

1. 累積五年以上的會計專業經驗，擁有一定知識水準與人脈，才能事半功倍。

2. 會計領域競爭十分競爭激烈，要確定自身創業目的是什麼？

3. 做好決定時，請義無反顧、勇往直前，突破種種困難。

4. 知識能產生力量，也能創造商機（業績），透過專業知識，幫你帶進商機與業績。

李佳相會計師期盼大家能不斷學習、吸收經驗，同時建立強壯的心態─清楚目標、堅持下去，相信大家都能找到自己夢想的藍圖。

敬業聯合會計師事務所｜商業模式圖

重要合作
- 公司行號
- 記帳士
- 會計師

關鍵服務
- 審計
- 稅務
- 企業管理諮詢
- 工商登記

價值主張
- 「客戶的小事，是我們事務所大事」，不論客戶公司大小，都以高水準服務品質、最嚴謹態度服務，解決每位客戶問題。
- 日本經營之神—稻盛和夫先生理念：「追求全體員工在物質與精神兩大方面幸福」

客戶關係
- 審計／稅務服務
- 公司行號成立
- 補助申請小組

客戶群體
- 中小企業
- 傳統產業
- 新創公司

核心資源
- 會計專業
- 產業經驗

渠道通道
- 官方網站

成本結構
- 營運成本
- 人事成本
- 設備採購與維護

收益來源
- 服務

TIP
- ※ 日本經營之神—稻盛和夫先生：「追求全體員工在物質與精神兩大方面幸福」
- ※ 你的小事，是我們事務所大事
- ※ 做好決定時，請義無反顧、勇往直前
- ※ 用知識產生力量、創造商機

創業 Q&A 🔍

敬業聯合會計師事務所

官網：http://www.pccpa.tw/

電話 04 2223 7457

台中市西區民權路 185 號 (台中總所)

創贏勞基顧問

徐睿甫 Ray Hsu
執行長

創贏勞基顧問股份有限公司
CreWin labor standard laws consulting Inc.

守護勞資共存共榮、創造雙贏勞雇關係—創贏勞基顧問

徐睿甫，創贏勞基顧問的執行長。發現到許多小型企業在處理勞雇關係糾紛上的痛點，企業主與員工之間雖有代溝、卻苦無專業人才可以從旁協助或指教，徐睿甫決定跳出來創業，除了守護勞雇關係的和諧，也為創造一份有價值的事業。

勇於轉換身分，
解決問題、創造價值

徐睿甫從小就喜歡讀書，身為大人眼中的資優生，他一路讀到武陵高中、並順利考上國防大學，畢業後也果真如願成為一名軍官，但不想屈就穩定的徐睿甫不出幾年就萌生轉換跑道的念頭，擅長讀書的他很快便考取代書及不動產經紀人的執照，他毅然轉往房地產產業發展，當時，正值中國經濟成長之際，創業的風氣頗為盛行，徐睿甫便在朋友的介紹下輾轉前往中國發展。

一晃眼，在中國創業已經四個年頭，在外奔波多年、人生經歷一直在轉換，幾經波折、徐睿甫總想著落葉歸根，於是他慢慢將資金轉回台灣，並籌畫返台定居、創立公司；徐睿甫先是進入到老字號的顧問公司，在與創辦人學習及服務客戶的過程中，他發現到勞雇關係中的不平衡一直是就業市場的一大重傷，也認為台灣其實有相當大的市場需求，徐睿甫心想：是時候站出來解決市場痛點了，

他想建立起勞資雙方的溝通橋樑進而凝聚雙方關係，並創立「創贏勞基顧問」。

守護勞資、創造雙贏，
改善勞雇關係

隨著勞工意識抬頭，員工愈來愈重視權益且勇於表達自我，而中小企業正值發展時期，人事成本持續攀升，企業主一時疏忽勞基法的員工權益，可能就會造成員工的檢舉案件愈發頻繁；據統計指出，台灣每年發生的勞

資爭議案件就有二至三萬件，其中多達七千件被處以罰則，若公司規模龐大、罰款動輒百萬甚至千萬。

尤其台灣的中小企業佔比高達 98%，但發展中的企業體不論是資源、資金、人力都不及大型公司來得足夠，也不像大型公司有法務、人資或顧問等專業人員可以守護勞雇關係，反之，中小企業往往老闆需要校長兼撞鐘、行政人員也身兼數職，光是經營公司就已忙得不可開交，更無暇再去關注勞基法的更變，往往可能只是一時疏忽將員工薪資或加班費計算錯誤，而遭檢舉或政府勞動檢查而不自知，也無足夠的財力以應付罰款及員工求償金，這對公司無疑是一大重挫，也可能造成企業主不敢再聘僱員工、擴展規模，企業主心裡也承受不少壓力，甚至最終造成公司倒閉、就業市場混亂的惡性循環。

「守護勞資、創造雙贏」是創贏的經營理念，身為勞資顧問最重要的就是「同理溝通」，員工是公司最重要的資產，建立良好的公司制度並帶動企業文化，使員工認同其企業文化才是公司成功的基石，而法律只是道德的最低標準，創贏所做的是保障勞資雙方的權利義務，讓企業主遵循法治並尊重員工權益，作為企業主的後盾，公司在經營管理上也能更為順暢、走得更長遠。

莫慌、莫怕，痛苦是成長最佳證明

「創業或經營企業就是在解決問題。」、「誠信與承諾是最重要的基石。」徐睿甫說道，他很重視合作、也深信合作可以創造雙贏甚至多贏的局勢，除了內部的團隊運作，也與外部的律師、會計師、企管顧問等的專業人士異業結盟，盼能將市場拓展更大、更廣泛，共同分擔客戶的需求，

成為勞資顧問領域的知名品牌。

徐睿甫耳提面命地提及創業關鍵：「先求有、先去做、先嘗試！」幾年下來，一路上一定會碰到許多難關，當下雖然痛苦、但也是過程中有趣的體悟，成功絕非一蹴可幾，不可能一開始就會走到想到達的目標，一定會隨著市場的轉型、時代的更迭，團隊的運作才漸漸取得平衡、再持續邁進，「不要害怕求助！」他說道，勇於尋求可用的資源，成功可能就在不斷努力實踐的過程中不經意地就找上門，當年那些篳路藍縷的艱辛也會成為成長的證明。

創贏勞基顧問｜商業模式圖

重要合作
- 會計師
- 記帳士
- 人資系統商
- 律師
- 企管顧問
- 保險經紀人

關鍵服務
- 勞動契約制訂
- 工作規則核備
- 勞資會議協辦
- 勞動檢查應對
- 勞資爭議處理
- 常年顧問諮詢

價值主張
- 完善勞資關係平衡，成為雙方溝通的橋梁，幫助完善企業人事制度，透過實務執行，確定權利義務，預防勞動法風險及勞資爭議、維繫勞資關係和諧，進而創造雙贏。

客戶關係
- 專業服務
- 即時問題回覆

客戶群體
- 中小、微型企業
- 包含：
- 餐飲服務業、零售門市、加工製造廠、設計公司、保經公司、律師事務所等

核心資源
- 專業勞資顧問
- 各類人事資料範本

渠道通道
- 官方網站
- Line 官方
- Facebook

成本結構
- 人事成本
- 營運成本
- 行銷成本

收益來源
- 顧問服務費
- 諮詢費
- 課程費

TIP
※ 誠信與承諾是最重要的基石。
※ 不要害怕求助，先求有、先去做、先嘗試

創業 Q&A

1. 生產與作業管理

主力產品的重點里程碑是什麼？

創贏勞基顧問，做為勞資雙贏溝通的橋樑，致力於協助中小企業完善勞動法令相關制度，有效改善勞資關係，提昇企業形象及優良文化，創贏的企業輔導方案一年協助超過 50 間以上的中小企業，包含各種行業類型，例如傳統製造業、運輸業、餐飲業、服務業以及設計業，甚至包含律師事務所都是協助過的對象。

2. 行銷管理

公司社群媒體的策略是什麼？

創贏每月定期舉辦線上免費講座，並會邀請一位專家共同分享對企業經營有幫助的議題，例如法律、人才發展、專利商標等主題，結合社群互動提供相關知識，並提供諮詢服務解決企業遇到的問題。

3. 人力資源管理

團隊的協調如何執行？有特別下功夫在這塊嗎？

由於需要服務多間企業，所以團隊的分工依照成員不同的專長及個性，分會主要對接企業內部溝通的顧問，以及專責處理後端事務，例如撰擬契約、文件核備等工作的角色，透過內外的分工，提昇工作效率與服務客戶的品質。

創贏勞基顧問股份有限公司

官網：www.crewin.company/
電話：02-2528-1737
台北市信義區基隆路一段 155 號 14 樓

現代私塾文理補習班

郭文慧 KUO WEN HUI
創辦人

翻轉教育、多元發展—私塾文理補習班

郭文慧主任，在二十年前「不打不成器」的時代，翻轉傳統的教育觀念，主張「以獎勵代替處罰」、「多元發展」的理念，吸引志同道合的教育工作者，創立「私塾文理補習班」。創業過程，郭主任學習如何兼顧母親與領導者的角色，用更柔軟的心看待孩子、實踐教育，獲得無數家長正面的支持與鼓勵。

突破教育盲點、適性發展

郭文慧主任，大學畢業後即從事補教業，創立補習班前，郭文慧已在教育領域累積多年實質經驗，也看到臺灣教育現階段的盲點：齊頭式教育，這樣的觀念無法發現不同孩子的優點，同時也抑制了孩子發展優勢的機會，也看到許多孩子下課回家後，雙薪家庭爸爸媽媽皆還在工作，無法花多餘的心力陪伴孩子學習，便以「孩子另一個家」的經營理念，創立私塾文理補習班，一路走來，至今已第二十個年頭。郭主任希望透過補習班，彌補孩子下課後，雙薪父母與導師無法陪伴的這段時光，

讓孩子能在私塾文理補習班，有如回到家一般良好、正面的學習環境。

獎勵代替處罰、觀察代替責備

二十年前，補習班剛創立，那時候臺灣的教育盛行「打」與「罵」，而郭主任的補習班沒有體罰，與當時大部分家長的觀念背道而馳，郭主任秉著「以獎勵代替處罰」為核心理念，以實質獎品獎勵表現好的孩子，並以此理念吸引許多志同道合的夥伴，花費大量時間在師資培訓，期望團隊能團結一致，鞏固私塾的教育理念。

除了不體罰，補習班不以分數斷定孩子，鼓勵孩子多元學習，透過老師的觀察，理解孩子優點，利用孩子的優勢帶動學科，進而達到成績進步。

曾經班上有一位同學，班導反應這位孩子有佔別人物品的行為，郭主任在某一次的巡堂中，意外發現這位孩子的繪畫天分，便建議家長讓孩子學習美術，起初家長堅決反對，認為學科才是首要之務，多次的建議下，家長終於點頭答應。後來，這位孩子確實在美術方面表現相當不錯，在人際關係上也獲得相當大的改善，也連帶了學科上的進步。郭

主任與團隊更確信自己的理念：做對的事、讓孩子適性發展，是教育的根本，也是私塾與其他補習班最大的不同之處。

因為孩子，
發現內心最柔軟的那塊

郭主任在創立補習班第七年懷孕生子，那時正值事業高峰，再加上孩子兩歲前體質不穩定，常常家庭、事業兩頭燒，讓她忙得焦頭爛額、力不從心，曾經一度懷疑自己，認為自己沒有扮演好媽媽的角色，透過書籍、他人的經驗分享，郭主任學會放慢腳步、放下自我強悍的一面，在家庭、事業取得平衡。「謝謝孩子讓我當媽媽」，因為孩子，郭主任學會看到內心最柔軟的那塊，這是扮演領導者所需要的，也是身為教育工作者需擁有的，為人父母後，看待補習班的孩子就有如看

待自己的小孩，對孩子成長的掌握度也更清楚。
支持郭主任與團隊繼續下的動力，來自父母正面的回饋、與看見孩子的改變。
曾經有一位同學，因為學科、行為上表現不佳，從另外一個機構轉來，透過導師的觀察與引導，發現孩子的優點並加以協助，孩子發現自我優勢，在學習上更有自信，排名上的進步非常顯著，獲得家長大大的肯定，也讓郭主任與團隊˙知道自己的理念沒有錯，更堅信自己在教育上的使命。

強化心理素質、補足知識

郭主任對補習班的未來目標：吸引更多理念相同、以教育為志業的夥伴加入，透過師資培訓，賦予老師社會使命，提升自我價值與自我認同感，並提供良好升遷管道，幹部能選擇升遷為分校的營運長，讓夥伴能有良善的人生規劃，也能更專心

在教育事業。
郭主任認為，身為領導者需要擁有強韌的心理素質，就拿去年的疫情來說，停班、停課，面臨不同的防疫規定，唯有強大的心理素質才能沉著以對，挺過巨大變故。身為領導者，除了自身專業領域，也要隨時吸收新興知識，經濟、財金、政策、教育、娛樂，乃至現在流行什麼，都要有所涉獵，才能帶領團隊成長。補教業從業人員因為較晚下班，大多人的生活型態是晚吃、晚睡，熬夜是經常有的事，郭主任二十年來，保持良好運動習慣，為的是讓自己的體力隨時在最佳狀態，能百分之百投入工作。強大的心理素質、吸取新知、運動習慣，是郭主任能堅持二十年的三大要素，也是給創業者最真誠的建議。

現代私塾文理補習班｜商業模式圖

重要合作
- 學校推廣

關鍵服務
- 正音識字
- 安親課輔
- 兒童美語
- 作文
- 美術

價值主張
- 不愛不成器,提供有效的學習方法!以「孩子第二個家」理念來教育孩子。

客戶關係
- B2B
- B2C
- 異業合作

客戶群體
- 任何需要透過第三方機構加強孩子課業的家長

核心資源
- 多年來的專業徒手技術與臨床經驗

渠道通道
- 實體空間
- 官方網站
- 媒體報導
- Line@

成本結構
- 營運成本
- 人事成本
- 設備採購與維護

收益來源
- 課堂收益

TIP
※ 以獎勵代替處罰、以觀察代替責備。
※ 用更柔軟的心看待孩子、實踐教育。

創業 Q&A

1. 生產與作業管理

如何精準的執行在目標上？

事先準備，不斷深思熟慮，沙盤推演，正反兩面都會先推擬，大方向只要對公司有利，都會推行，因為事先都先深思考慮，所以均能精準執行，執行前闡述目標，執行中隨時回報工作狀況，目標達成後，仍會檢討（優缺點），以惕勵下次的工作目標。

2. 行銷管理

公司有什麼公關策略？

口碑行銷（服務品質）是最好的公關策略，也藉由辦活動（因應節日及招生說明會）異業結盟共同行銷達到區域廣告目的，於市場有一定佔有率，讓區域達到一定知名度。

3. 人力資源管理

團隊的協調如何執行？有特別下功夫在這塊嗎？

執行任何事物，都會設目標，執行前必須清楚告知為何要執行，這執行目的為何，讓同仁理解執行意義的背後目的，小組溝通，1:1 溝通，都不可以少，要同仁養成主動回報，遇到問題，要提出執行困擾與如何設法改善，也做競賽，達標者給予獎勵，未達標者，需要寫出改善感言，惕勵大家。

4. 財務管理

團隊的協調如何執行？有特別下功夫在這塊嗎？

成長增速可能會遇到哪些阻礙？

人才若沒有養足，人才荒將會是最大困境。

現代私塾文理補習班

https://line.me/R/ti/p/@bla7270m

電話：04-25356356

台中市潭子區中山路二段 391 巷 23 號

賀伯特管理學院

盧育玫 Yu Mei Lu
執行長

賀伯特管理學院—台中文心，企業夢想經營的教育學院

賀伯特管理學院—台中文心盧育玫執行長，踏入職場工作一年後即擔任主管職，經營管理資歷已逾 30 年，體認到職場上主管與職員間的問題，因此想要協助老闆或主管與員工有更良好的互動與合作。盧育玫執行長期許能夠透過簡單有效的經營管理方式，有系統的協助各行各業的企業主落實企業組織建立、績效管理、凝聚團隊共識及標準有效率的完成任務，掌握客戶的需求。

經營管理訓練簡單有效，企業業績成長數百倍

賀伯特管理學院提供由行政管理專家 L. 羅恩賀伯特先生花費逾 30 年發展並編纂的行政管理系統，這套技術在歐美早已被證明是有效且廣泛應用的，因此讓盧育玫執行長相當感興趣並引進到台灣，執行長認為，每個人大約有 70% 的時間皆在工作，在社會上，企業主扮演相當重要的角色，因此企業主與員工間的合作與和諧是相當值得探討的，勞資雙方在和善的職場環境中合作，才能持續前進。

賀伯特管理學院的課程多數以小班經營，能更深入的將經營管理以簡單有效的方式，輔導客戶運用在工作上，這是賀伯特管理學院在同業中能異軍突起的原因，以系統化且專業的培訓課程迅速的指導企業主，並且在輔導企業主時，一定會確認企業主或其員工學習的意願，讓學習成效持續發酵，在不同的理論與實務中思考運用。

賀伯特管理學院的課程中最大的特色是以「查核表」方式，協助企業主由簡至深完成某領域的學習，加上不斷地實作練習並修正，因此

雖在疫情的影響下，仍堅持多數以實體課程為主，在實體訓練中擁有更扎實更實際的訓練，真正學習組織、管理、績效、溝通、銷售、財務等各面向的操作。並且舉辦活動透過企業主交流，彼此砥礪借鏡，企業也能從中成長，心態更加自由，發展更廣泛的事業體，也透過有效率的管理方式，享有更美好的家庭生活，甚至持續進修學習，這才是正面積極經營事業的方式。

曾有企業主分享，在每一次的學習及實際模

擬後，將學習到的知識應用在企業上，更加清楚釐清自身企業該如何運作，同時進行企業品牌定位及管理訓練，也在短時間內業績成長數百倍，從客戶實質的回饋中獲得正向的反饋，這對本身就熱愛與企業主切磋、相處的盧育玫執行長而言，是最棒的成就感與正面能量。

企業聯盟共存共榮 管理延續

賀伯特管理學院在多年輔導經驗中，由企業培訓、教練與輔導，在各行各業間提升個人、團體的「企業生產力」，體認到實體課程仍是公司內最核心的課程，不過因應疫情期間規劃的線上課程，在客戶的回饋中也頗獲好評，短期將逐步開發更多完善的線上課程與服務，讓更多非台中地區的企業主也能受到協助，中長期目標更放眼未來，擴大企業力量，將成立共合團體，以企業主們在學院中所受的訓練來協助更多中小企業主，彼此共存共榮，讓更好的管理方法傳續，擴展其事業，更期許能訓練年輕一代成為顧問師，接續這樣有效的經營管理系統，彼此借鏡，以達工作職場上的良善循環。

核心技術、經營管理、企業顧問 創業成功秘訣

盧育玫執行長也建議，想創業的企業一定要具備核心技術，並且擁有熱情，加上學習經營管理知識，就能夠讓企業加速擴展達到興盛繁榮。

部分企業主常常不願放手讓員工執行，員工在工作中無法建立成就感及發揮專長，這使得企業主經常「校長兼撞鐘」而身心俱疲，這對企業並非好現象，因此建立自己企業的管理系統相當重要，讓具備相同理念的夥伴能持續加入及成長，同時企業主一定要擁有一位企業顧問／教練，當經營過程中遇到問題時，顧問就能即時協助企業主找到核心問題並處理，全方位的企業經營，才是成功的不二法則，這也是賀伯特管理學院成立的核心服務與專業，協助企業破除盲點，持續熱情，邁向卓越。

賀伯特管理學院 ｜ 商業模式圖

重要合作
· 各行各業
· 中小企業主

關鍵服務
· 企業管理顧問
· 企業管理系統
· 企業管理知識

價值主張
· 把一件簡單的事做好
  就不簡單，把每一件
  平凡的事做好就不平
  凡。

客戶關係
· 異業合作
· 中小企業
· 專案收費

客戶群體
· 想學習經營管理知識
  的中小企業主

核心資源
· 專業顧問
· 專業人才
· 核心實體課程

渠道通道
· 官網
· 客戶介紹
· 業務開發

成本結構
· 人事成本
· 營運成本
· 設備成本

收益來源
· 顧問收益
· 課程費用

TIP
※ 具備核心技術，建立企
　 業的管理系統，擁有企
　 業顧問／教練，讓企業
　 間共存共榮。
※ 把一件簡單的事做好就
　 不簡單，把每一件平凡
　 的事做好就不平凡。

創業 Q&A

1. 行銷管理

以人爲本，培養企業良好的能力與品格 對盧育玫女士來說，她與客戶之間的關係不僅僅只是商業上的往來，與其說是顧問，更像是朋友，她總是能協助客戶們達成不可能的任務，這是她經營這份事業的成就感。她也經常安排到企業裡去檢視他們現場的運作流程，透過徹底瞭解公司的營運狀態，去找出問題的癥結點，就能協助他們去調整公司的經營方向。此外學院最著名的是使用營運曲線圖進行管理，這是根據營運數據去執行各項計畫，讓公司能一步一步拓展成更大的規模。每年學院也會邀請國外的講師到台灣來給企業主管們更新更廣泛的教育訓練，盧育玫女士提到，美國洛杉磯總校的總裁每一年都會到世界各地提供教育訓練，他在商業領域上有相當豐富的視野與經驗，當他來到台灣分享時，就將更多不同面向觀點分享給台灣的企業主。 現階段，學院正積極將企業主訓練成「顧問師」，透過這個角色的知識，他們更能夠找出自身的問題並自我修正，並在未來都能用這套技術與經驗去協助更多的企業朋友，去找出各企業擴展的癥結，也眞正的將這份心力傳承下去。對執行長盧育玫女士來說，培養出有品格、有愛心的企業，並幫助他們持續成長，就是學院團隊的宗旨。「僅靠少數幾個人的力量是不夠的，但若結合一群人的力量，就會有所不同。」她認爲當企業的規模不斷拓展時，無形中也將自身在成長時受到的幫助與愛往外傳遞出去，協助其他需要幫忙的企業和組織也一起成長，這形成了一種善的循環，而這份良善，也將進一步的去促使企業能夠實質的回饋台灣社會，並且爲社會中需要幫助的團體盡一分心力。

賀伯特管理學院

FB：嗨我是育玫 Hi this is Yumei
電話：04-22461877
台中市北屯區文心路四段 875 號 4 樓

學校 JC 魔法音樂

趙偉竣 JeffChao
總監

Music
魔法音樂學校

華興小學演出 / 非洲鼓課上課情形 / 國際鼓藝節表演 / 杭州師範大學講學

音樂是一輩子的情人—JC 魔法音樂學院

JC 魔法音樂學院創辦人 - 音樂魔法師，趙偉竣 Jeff，雖非音樂科班出身，但因對音樂有極大熱忱，工作兩年後，毅然決然辭去銀行的工作，攻讀音樂碩士學位。回台後創立 JC 魔法音樂學院，讓民眾能快樂自信的學習樂器也能欣賞音樂的美好。

分享音樂眞善美，促進社會和諧、融洽

趙偉竣總監，JC 魔法音樂學院創辦人。非音樂科班出身的趙總，因為對音樂十分熱愛，心底一直有個音樂夢，於是在大學畢業後，進入職場兩年便放棄在銀行的穩定工作，拾起心裡未完成的人生夢想，繼續修讀音樂相關領域、攻讀學位。如願以償拿到碩士後，熱愛音樂的他，思考著如何延續自己有興趣的事、如何繼續這條音樂職涯。

「音樂，是一輩子的情人。」這是趙總一直以來他對音樂的感受，趙總希望能將這份喜愛分享給更多的人，分享音樂的美好，透過音樂培養自信、快樂，也期盼不只是培養音樂家，而是營造音樂家庭，希望在音樂的薰陶下，能促進社會融洽、和諧，帶著如此的信念，學成而歸的趙總回台後，便創立 JC 魔法音樂學院。

服務多元，滿足任何學習需求

趙總將他對音樂的學習態度，體現在 JC 魔法音樂學院，學院提供的課程多元，舉凡較為常見的鋼琴、小提琴，到帶有民族色彩的傳統樂器：非洲鼓、烏克麗麗，就連身體打擊樂器也能有機會在這裡體驗、學習，除了樂器課程，

也提供音樂輔療服務，用音樂緩解現代人生活中的壓力、緊繃，達到療癒身心效果。

趙總也致力在 JC 魔法音樂學院打造培訓樂團環境，讓每一位對音樂抱有夢想的人都能在這裡受到專業訓練。也提供師資培訓課程，培育更多優良且專業的音樂師資人才，期望這些教師能造福更多想學習音樂的民眾。

JC 魔法音樂學院除了多元樂器教學課程、音樂輔療、樂團培訓、師資訓練，也有品牌自己編著的教材，觀念由淺入深，即使是初學者也能輕鬆掌握要領。從初學者到資深玩家，都能在 JC 魔法音樂學院找到合適課程，拉進

跨界飛舞演奏會 / 身體打擊研習 / 音樂輔療研習 / ＪＣ非洲鼓樂團

音樂與民眾的距離，人人都有演奏、欣賞音樂的機會。

音樂，是共同的語言

趙偉竣總監創立品牌以來，一直保有將音樂分享給大眾的初心，所以 JC 魔法音樂學院服務的年齡層從最小五歲、到高齡九十九歲都有，體現了人人都有機會欣賞、學習音樂的核心理念，看到學院擁有來自各地、各年齡層的學生，這對趙總是無比的成就感。

除了常態教學課程，學院還會安排一年一度的成果發表會，曾經看到毫無基礎的長輩，經過學院的專業訓練與練習後，能上台與其他學員一齊演奏、表演，趙總心裡的激動、感動難以言語。

也曾看過一位學員前來學習鋼琴，在學院學習了三、五年便全心愛上音樂，後續也參與師資培訓，成為另一位與趙總同樣在教學上不斷求精的音樂人。學員從零基礎到業界佼佼者，學院屢屢交出亮眼成績，趙總在分享音樂的道路上，孕育了許多音樂人才，也讓更多人愛上音樂、與音樂相伴。JC 魔法音樂學院，讓喜愛音樂的人齊聚一堂，用樂器、聲音彼此交流與溝通。

最初只是想分享熱愛音樂的這份心意，現今成為與學員相識、相聚的共同語言。在魔法音樂學院，趙總實現了理念，也完成了無數素人的音樂夢想。

音樂是畢生情人，教育是永續耕耘

音樂是畢生情人，教育是永續耕耘。趙總分享學院的未來目標，將持續研發新教材、新課程，讓服務內容能繼續創新、與時俱進，另一計畫是將一年一場的音樂演奏會，打造成為讓更多音樂素人圓夢的舞台，讓學員跟師長一起表演，將過去所學做為成果發表、做為一個圓夢的機會。

趙總也將目標放在經營自媒體，透過網路無遠弗屆的力量，讓學習不受地緣的限制，打開線上課程即可學習新樂器，也期待學員在線上相遇，能線上直播演奏，在線上也能享受音樂會。

走了二十年的創業之路，趙總說前往理想的路上是蜿蜒曲折、充滿挑戰，支持他堅持下去的信念來自他對音樂的熱忱：「永遠要做自己喜歡、擅長的事」因為熱愛，便能心無旁騖的好好專研、投入，只有深入的鑽研才會有後續隨之而來的成就。除了熱忱，趙總也勉勵想創業的人：「保持不斷學習的心態，在時代的脈動之下，不能後知後覺，要先知先覺，才能在這變化莫測的創業路生存。」就是如此的處世之道，趙總在學院創立後，仍持續學習、嘗試，在現今網路世代下，依然能創新因應趨勢，夢想達成、茁壯後，更要懂得如何長久經營，如同趙總的魔法學院：音樂不是一時的魔法，而是一輩子的陪伴。

JC 魔法音樂學校｜商業模式圖

重要合作
- 網路自媒體合作推廣
- 企業課程內訓邀課
- 鼓樂團表演邀約
- 出版教材
- 客製專案音樂

關鍵服務
- 多元樂器教學課程、音樂輔療、樂團培訓、師資訓練、樂團展演、教學系統教材經銷販售、非洲鼓販售、線上課程

價值主張
- 音樂是一輩子的情人，任何人都有機會學習樂器、欣賞音樂，與音樂相伴。培養更多音樂家庭，而不是少數的音樂家。培訓更多音樂教學人才，將音樂的喜樂傳播給更多人。讓孩童到長輩都能快樂自信的學習音樂！

客戶關係
- 前來上課
- 師資培訓
- 企業單位學校邀課表演、

客戶群體
- 任何想學習樂器的民眾、想學習如何教學的老師、想自學的線上課學員、企業學校單位邀課或表演需求

核心資源
- 優良師資、學習環境、獨創魔法音樂教學系統、獨創編著的樂譜教材

渠道通道
- 實體空間、官方網站、
- 媒體報導、Line@、
- 線上課程、音樂教室、
- 音樂書店
-

成本結構
- 營運成本、人事成本、設備採購與維護、線上課程平台費、網路行銷建構及宣傳費用

收益來源
- 課程販售
- 研習培訓
- 樂譜出版經銷
- 樂團演出費
- 企業邀課內訓
- 音樂專案客製
- 樂器經銷

TIP

※ 音樂是一輩子的情人。
※ 生活中若少了音樂滋潤，人生是黑白的。
※ 保持不斷學習的心態，在時代的脈動之下，不能後知後覺，先知先覺，才能在這變化莫測的創業路生存

創業 Q&A

1. 行銷管理

目前本公司的音樂出版品及線上課程、線下實體課，大部分是透過網路平台銷售，如 PChome 商店街，線上課程平台及社群平台宣傳。 透過購買關鍵字及網路廣告宣傳，我們在 FB 粉絲專頁及 Google，Youtube、IG、Tiktok 上也整理出很多我們過往的教學培訓研習及鼓樂團表演紀錄，許多公關活動公司因網路搜尋找到我們，並配合相關企業晚會、企業團建及百貨週年慶表演，增加我們的曝光及知名度。 接下來會將宣傳集中在「自媒體運營」大量拍影片曝光我們的產品服務。 當客戶第一次接觸到成交，依照銷售漏斗的循環，會從宣傳影片吸引到客戶產生興趣，到實際行動購買參加，到提升客戶滿意度，並不斷提供給客戶價值，到最後的重覆購買。

2. 人力資源管理

短期內需要再吸引優秀年輕人加入鼓樂團，豐富鼓樂團的多元表演及服務。未來一年，也擬擴充團隊人數，招募有專才的年青人，培訓更多優秀師資從事音樂教學及表演。 團隊的協調會針對不同任務，採不定期開會討論，由總監訂出主要策略方向，再由大家討論協調最佳執行方案。 團隊中有不同音樂領域專長背景的成員，也有不同行政專長的成員去執行多項事務。 有關對外商務合作對象的選擇，會著重在具有前瞻性及較具代表影響力的中大企業的表演及團建活動課程上的合作，我們提供教學及表演的服務，會注意到後續我們的宣傳影響力。

JC 魔法音樂學校

我獨創角業，
UNIKORN
UNIKORN
UNIKORN
UNIKORN

LIVE

FB：JC 非洲鼓魔法音樂學校
https://jcmusic.teaches.cc/
台北市士林區通河街 23 號 6 樓

黃金屋巴斯的書中

透過閱讀與學習
幫助你成為一個更好的人

WWW.BUZZ07.COM

Buzz lin
創辦人

漫遊浩瀚書海，再次覓得閱讀的美好—巴斯的書中黃金屋

Buzz Lin，巴斯的書中黃金屋的品牌創辦人。捨棄原本穩定的工作，透過海量的閱讀及學習成功轉而全職經營社群平台，透過分享閱讀不同領域的書籍心得，並教導閱聽者建立閱讀習慣及快速閱讀的技能，進而藉由閱讀達到知識變現的方法，能夠找到自身興趣並創造斜槓收入。

不被穩定綁住跳脫框架探索自我

機械系出身的 Buzz，畢業後便自然而然進入了科技業，然而朝九晚五規律的上班族工程師生活，逐漸讓 Buzz 感到無趣，他不想再被所謂的穩定困住而做著食之無味棄之可惜的雞肋工作，於是他利用閒暇時間探索自身興趣，並在其中發現許多嶄新的概念與想法都相當驚艷，相形之下更顯得自己彷彿井底之蛙，Buzz 進而開始透過大量的閱讀、上網搜尋及購買課程來增進自我；2019 年，Buzz 創立了「巴斯的書中黃金屋」的網站，同時記錄並分享他的閱讀之旅。

「提供價值給他人」是 Buzz 的經營理念，而所謂的價值也許是想要變有錢、變健康、變得更受歡迎，或是解決困難、找到賺錢的方法等等，不論是何種領域，Buzz 都會將在閱讀或學習過程中的心得、一路上領悟到的心法分享給學員，「自由的人生就是人生最大的追求。」Buzz 說道，他認為現代人渴望的不外乎就是健康自由、心靈自由、財富自由，而這同時也是他自己追逐的目標，在分享之餘，能夠一起行動、一起進步成長是 Buzz 更想達到的。

閱讀不間斷，走過作者走過的路

從社群平台起步，Buzz 經營部落格、Facebook、Instagram、podcast、Youtube 等的自媒體平台，他認為，現代人從小就一路接受教育到出社會之際，卻常忽略了即使長大成人、脫離學生身分還是應該要持續學習，有句話是這麼說的：「書是人類史上永不凋零的成果。」也正好呼應俗話說的「活到老、學到老」，Buzz 想要透過他的分享幫助這些「大人」再次體會閱讀的美好，在下班後還可以持續學習。

除了分享心得，Buzz 還會教導學員許多概念，其一是快速閱讀的方法，幫助學員能在三天內讀完一本書；其二是探索自身興趣，Buzz 認為許多人其實未曾思考過自身的興趣何在，可能是不夠認識自己、也可能是不知道該如何探索興趣；其三就是從零開始經營自己的社群平台，利用網路槓桿將產出的內容分享到全世界；每一本書都有它自己的遭遇，Buzz 認為每每閱讀一本書、看過作者的心路歷程，就彷彿能踏著作者走過的步伐、經歷作者的經歷，從別人的遭遇中得到相對應的治癒或解決方法，就如同笛卡兒所說：「閱讀好書就像和過去最傑出的人談話。」

大方投資自己，回饋自己也饋予別人

身為工科人，影片剪輯、社群平台的經營與行銷等，這些看似八竿子打不著的技能都是 Buzz 自己鑽研或是參與課程習來的，他也曾自我懷疑，害怕沒有粉絲、擔心提供的內容不是學員想要的，諸如此類的擔憂使得壓力也伴隨而來，慶幸的是，粉絲穩定成長、亦給予許多反饋，也足以應證他的努力及魅力，Buzz 也才終於不再小看自己；心態是最重要的，「不要怕花錢投資自己，所投資的金錢或時間最終都會回歸自己身上。」Buzz 以過來人的經驗說道，將所會、所知的都大方無私地傳授給學員就對了！

而今年疫情衝擊下，各家線上課程如雨後春筍般崛起，Buzz 也搭上這股熱潮預售知識教育的線上課程──「閱讀變現必修課」──旨在幫助學員有效率地選書、快速閱讀、抓出書中重點並歸納整理，讓學員藉由課程開始閱讀與學習且投資自己，並從中找到興趣、進而利用興趣去找到收入，透過學習讓未來更增值、甚至能有多元的斜槓收入管道，達到「愛你所做、做你所愛」的境界。

放膽嘗試每個今天都要比昨天進步！

「閱讀要帶著目的性去讀，帶著問題找尋答案。」Buzz 說道；未來，除了教授閱讀變現的課程之外，Buzz 也規劃分享國內外及各行各業的實際案例，讓學員能更快速地接觸，打造一個做中學、學中做的環境，讓學員能串連不同的興趣，還會提供諮詢進而了解學員目前遇到的難題，希望透過課程教學讓學員聚焦現階段所面臨的問題，不再像無頭蒼蠅一般迷惘而裹足不前。

從工程師轉換身分至全職創作者，Buzz 十分享受現在的工作且樂在其中，這是以往不曾有過的感受，也讓他愈做愈有成就感，身為 90 後的年輕人，他知道年輕就是最好的優勢，放膽地去嘗試因為「nothing can lose！」，Buzz 說道，不需要與別人比較，因為每個人的起跑點都不同，「記得每天都要比昨天的自己更進一步！」只要跟自己比較，就算一天只有一點的進步，積累而成的複利效應亦是相當可觀的。

巴斯的書中黃金屋 | 商業模式圖

 **重要合作**

· 書局

 關鍵服務

· 閱讀學習分享
· 書單推薦

 **價值主張**

· 幫助你透過快速閱讀
  找到興趣達到知識變
  現；記得「每天都要
  比昨天的自己更進一
  步」，一起閱讀、學
  習、成長、行動、進
  步。

客戶關係

· 主動關係
· 異業合作

 客戶群體

· 愛閱讀者
· 想自我學習精進者
· 無法靜心閱讀的人
· 用知識變現獲利的人

核心資源

· 閱讀能力
· 影片剪輯能力
· 平台經營能力
· 文案撰寫能力
· 不定期抽獎活動

渠道通道

· 官方網站
· Facebook
· Instagram
· Youtube
· Podcast
· 電子報
· 課程講座

成本結構

· 人事成本
· 行銷成本

收益來源

· 課程費用
· 平台收益

TIP

※ 不要怕花錢投資自己，
   所投資的金錢或時間最
   終都會回歸自己身上。
※ 記得每天都要比昨天的
   自己更進一步！

創業 Q&A

1. 生產與作業管理

有沒有想幫產品再多加兩三個關鍵特色？如果要加那會是什麼？
獲得快速學習能力、人生最佳作弊器、解決人生各種疑難雜症的
最低試錯成本

2. 行銷管理

從客戶第一次接觸到成交，一段典型的銷售循環是什麼樣子？
讓客戶走過認識我、喜歡我、再到最後的相信我 只要你可以真正
地提供他人解決問題的方案 那麼剩下的就是持續影響更多人了

3. 人力資源管理

合作對象的選擇和注意點？
不要相信任何人！人跟人之間的關係，要靠自己真正接觸去感覺
到 不要聽從他人的建議，當你覺得這樣做讓你感到不適時，那也
許就不適合一起合作了

4. 研究發展管理

公司規模想擴大到什麼程度？
想要精簡小團隊，甚至是一人公司都行！

5. 財務管理

目前該服務的獲利模式為何？
提供線上課程供客戶進行學習

私立常春藤居家護理所

俞美娟 Rebeca Yu
執行長

寒冬送暖 / 銀髮運動會 / 俞執行長協助近百歲的爺爺麻油按摩足部，成功地讓個案避免截肢的命運 / 俞執行長疫情期間擔任居家護理人員，全副武裝服務個案

「只要您需要，我們都在！」長照家庭最踏實的靠山—常春藤居家護理所

俞美娟，常春藤居家護理所執行長。身為專業護理人員，在因緣際會下接觸到居家照護工作，因其專業與細心，讓許多高齡長者除了基本的醫療服務外，也獲得了更好的長照照顧。常春藤創立 18 年來，以生命力強的常春藤為寓意，不間斷的持續精進自己，以提供高齡長者健康快樂的居家生活。

站在人生徬徨點，需要一點勇氣與衝勁！

美娟執行長來自農村單親家庭，從小生活並不寬裕。透過自身的學習、努力，成為一名專業的護理人員。在醫院工作時，因為認真的工作態度，獲得醫師認可，聘請擔任特助一職。然而，卻因為醫院經營方針改變，面臨失業的困境。當時已經結婚的美娟執行長，考量到家庭生活及經濟狀況，權衡之下決定投入居家護理工作。向好友家中借了客廳，以一張桌子、

一支電話，就毅然決然地投入居家護理事業。美娟執行長說道，居家照護可以彌補醫療體系中不足的部分—在院的醫療可以及時給予疾病、問題治療，而居家護理人員至家中服務，可以近距離觀察並了解疾病發生的原因，找到根源並提供解決，像是行動不便者常有褥瘡問題，醫院會提供藥物，但常常只能控制病況，而無法根治；但居家護理人員卻可透過觀察發現，是因為環境、生活習慣問題才導致褥瘡產生。協助個案將問題解決，是美娟執行長在居家護理的工作中，獲得滿滿成就感的來源。

面對挫折，要有自省能力；獲得肯定，就是前進動力

在辛苦創業過程中，美娟執行長坦言，常常面對極大的壓力，而唯一能做的就是面對與解決，在種種困難中，最艱辛的就是面臨醫療糾紛。

有一次難忘的經驗是發生在與美娟執行長平時相處關係很融洽的個案。

在協助個案放置尿管時，雖然一切皆照著 SOP 流程，但意外的導致膀胱穿刺，當下也

寒冬送暖 / 俞執行長擔任居家護理人員至家中服務個案，協助個案解決問題

立刻緊急協助就醫，但仍然面臨個案家屬不諒解，並走上了醫療糾紛途徑，雖然最後法官認定美娟執行長並無疏失。但是經過這次事件後，讓美娟執行長更重視流程的重要性，以及在面對困難時，需要有著抗壓的心境及勇氣，才能一步步解決問題。

一路走下來持續獲得客戶肯定，是支持美娟執行長繼續致力於長照產業的動力。美娟執行長分享到，曾協助近百歲的爺爺，透過每日三次麻油按摩，成功促進改善足部血液循環，因為這個療程，讓原本八公分的褥瘡癒合，避免截肢的下場，讓醫生及家屬都感到十分奇蹟。因此，美娟執行長更堅定且致力於長照產業，期望以專業知識幫助更多人，獲得更好的照顧。

常春藤品牌宗旨
——以人為本，互助利他、永續經營

18 年前，美娟執行長投入了居家護理事業，長照機構則是於 2020 年設立，期望提供更完善的照顧服務，從居家護理為出發到長照，常春藤居家護理所給予客戶全方位服務。

美娟執行長強調一常春藤品牌的企業文化是互助、利他、共好，企業核心理念是溫度、多元、專業。以解決人問題為原則，透過彼此互相合作，做的事情及服務是有利於他人，希望將這樣的想法與信念，深植在每位工作人員的心中。透過「以人為本」信念，常春藤就能夠永續經營，繼續提供給客戶完善服務。

面對挫折的態度，
就是堆疊成功的高度

面對創業的艱辛，美娟執行長露出微笑說，過程中真的很辛苦，從一人奮鬥到有團隊夥伴，這些寶貴的經驗與心路歷程，想給予想踏入長照產業

的熱血一些建議：

1. 滿滿熱忱：長照產業常需要面對患有病痛的個案，唯有熱忱才能成為支撐的動力。

2. 專業技能培養：基本專業技能，需要至少兩年至三年培養，這是踏入長照產業前必備專業。

3. 正向學習態度：面臨長照政策調整，需要快速及時滾動式修正，要不斷學習思考。

4. 專業人士諮詢：進入長照產業前，可多多與成功或產業人士了解，在事前做好更多準備。

最後，美娟執行長說道：「面對挫折的態度，就是堆疊成功的高度。」

長照產業時常會面對挫折與壓力，面對挫折要勇敢，找出策略去應對！也期待有更多對於長照產業有熱忱、有憧憬的年輕人加入，將以常春藤的成功模式，提供協助與創業建議，透過大眾力量建立更完善的常照產業服務。

私立常春藤居家護理所｜商業模式圖

 **重要合作**
- 醫護人員
- 照顧服務員
- 在地社區

關鍵服務
- 居家護理
- 居家服務
- 社區整合服務中心

價值主張
- 以人為本、合作利他、永續經營。以解決人問題為原則，透過大家彼此互相合作，做的事情及服務是有利於他人，希望能將這樣的想法與信念，深植在每位工作人員的內心。

客戶關係
- 專案服務
- 社區課程

 客戶群體
- 高齡長者
- 生活無法自理的人
- 欲踏入長照產業創業者

核心資源
- 產業經驗
- 醫療資源
- 專業照護知識

渠道通道
- 服務人員
- 實體空間
- 官方網站
- 自媒體社群
- (FB/LINE@)

成本結構
- 營運成本
- 人事成本
- 設備採購與維護

收益來源
- 服務費用

 TIP
※ 面對挫折的態度，就是堆疊成功的高度
※ 面對挫折要勇敢，找出策略

創業 Q&A

1. 生產與作業管理

台灣即將在 2025 年步入超高齡化社會，老年人口持續上升，醫療的需求也會相應增加，護理的需求也會伴隨著提高，以城市中的醫療資源來說，相對容易取得，但偏鄉卻是普遍不足，且因為少子化的關係，年輕人外出工作，偏鄉長者長者的醫療照顧需求卻常常無法被滿足，而這裡就是常春藤存在的價值，常春藤響應在地老化，在地安老的理念，努力投入人力與資源，讓專業進入偏鄉，讓更多的護理同仁，進入深山與偏鄉，只要有人的地方，都有常春藤，服務至今，常春藤一本初心，提供普及、平價、溫暖、熱忱與多元的專業服務，只要需求在，我們都在，這是常春藤的最大特色！

2. 行銷管理

常春藤成立於 92 年，最初只有一位護理師與一位駕駛員，不畏路途的遙遠與艱難，不論個案的貧富與遠近，只要有護理需求，常春藤總能使命必達。 19 年來秉持著一貫的照護理念，服務無數個案累積不少正面回饋，更在業界獲得了一些名聲，持續得到相關單位的信任，如今每日在北北基都能見到我們穿梭在大街小巷，偏鄉深山的專車。我們堅信，這一路走來不曾改變的理念，正是我們成功的關鍵。

3. 研究發展管理

專業、溫暖、多元是常春藤企業的核心價值，我們願景成為長照家庭最信任的靠山，經由團隊不斷堅持與努力下，讓常春藤品牌價值深值人心且獲得各界信任。 未來，期盼將服務擴展到社會公益服務領域，將廣招不同專業背景的優秀人才，讓常春藤不斷成長茁壯，取之社會，更能用之於社會，打造社會共生、共好、共榮的善循環。

我獨創業，
角
UNIKORN
UNIKORN
UNIKORN
UNIKORN

私立常春藤居家護理所

• LIVE ▶

FB：私立常春藤居家護理所
http://www.ivycare.com.tw/
新北市汐止區伯爵街 44 巷 9 號

千手千眼 企業管理顧問

蔡曄涵 Miranda
創辦人

千手千眼企業管理顧問

曄涵老師畢業於清華大學經濟系及計量財務金融系雙學程，從事兩年的業務工作後，便隻身一人到上海跟隨一位企業導師學習企業經營管理，學習半年後便來到馬來西亞創業，成立企業培訓公司，每個月開辦企業培訓教育課程，包含演說、銷售、團隊領導等課程。

26 歲開啟的創業之路

26 歲人生第一次創業就一個人到完全陌生、沒去過的國家創業，第一年便創下 1000 萬台幣營業額的成績從此年營收沒有低過一千萬。2020 年疫情過後回到台灣，成立大千手企業管理顧問有限公司，持續舉辦課程，並且除了企管課程之外，也開設了「直播戰士」網路行銷、直播課程，協助創業者結合企管能力與直播能力創業成功，同時也到許多企業內部進行授課培訓，創下單月 270 位學員報名、約 500 萬月營收的成績，半年時間內也帶領學員一起將透過直播所賺取的收入捐贈慈善機構，捐款金額達到破百萬。

自 2018 年起，曄涵老師從馬來西亞發跡，學員人數累積超過 3750 人，學員涵蓋地區包含台灣、馬來西亞、新加坡、上海、重慶、深圳、北京、澳洲、越南等國家與地區。

轉型的契機與天命的到來

在 2021 年的 10 月，曄涵老師突然發生嚴重的失眠問題，尋遍各種方式都無法解決問題，偶然機緣遇到一位易經師，告訴她做天命的時間已到了，她是帶有天命來投胎的，這世有重要使命任務，因為天命時間已到，所以生病，需要趕緊接下天地指派的任務，否則會持續生病。

經過一段時間的驗證與考量，曄涵老師願意答應天地接領旨令、執行天命，成為天地的公務人員，幫天地眾神做事，從那一刻起，曄涵老師開啟了第三隻眼，能夠與天地無形對話、接收宇宙訊息，協助民眾問事解困。

曄涵老師將這個與天地溝通、與神對話的能力與企管顧問能力做結合，協助企業主在決策上的分析判斷，包含商業模式、選人用人、各種企業決策等，接受天命後，曄涵老師接受天地的指示，正式將公司改名為「千手千眼企業管理顧問有限公司」，發願開啟「天下企業家、領袖」之靈智。

「啟靈、創富、大道天下」是公司品牌

slogan，古代君王不能一日無國師（天地無形），企業領導不能一日無軍師（開疆闢土），透過千手千眼企管顧問有限公司的協助，幫助企業主活用軍師與國師、趨吉避凶、借力使力，協助客戶認識了解自己的靈魂契約、此生投胎原因目的，選對賽道、創造結果。

千手千眼企管顧問有限公司是目前亞洲唯一結合命理、靈魂、因果，活用在企業決策的企管顧問公司。榮獲 2022 年華人第一品牌獎項，奠定「企業易經」領導品牌。

針對企業主、創業者，會有哪些靈魂無形能夠鑑定與了解的呢？有以下幾點：

一、此生的投胎任務

每個人都是帶著許多考關課題來到地球投胎重修，當我們了解自己主修的考關為何，例如事業傳承、情緒管理、團隊經營等等，當我們在事業中面對這類考關，並且去突破時，靈性將會往上提升，運勢也能開始提升。

二、確認事業賽道是否走在靈魂本道

靈魂契約中會約定此生要在什麼方向領域貢獻人類，我們稱之為靈魂本道，當我們走在靈魂本道上時，天地眾神也會來協助我們，會有無形的力量幫助我們前進。

三、確認團隊成員命格

用錯一個人，可以讓一間公司倒閉；用對一個人，可以幫助公司快速成長，事業成敗關鍵在於人，公司的負責人一定要有足夠的靈權，公司的財務長一定要有足夠的功德福報與無形財庫。

四、確認自己的緣分樣貌、國家市場緣

每個人前世累積的因果緣分不同，有的人在中國市場可以發財，有的人緣分在東南亞；有的人註定要做女人的生意，有的人做老人市場會有如神助。

五、確認如何能夠有更多的貴人

有的人因為前一段婚姻的因果沒有處理好，所以影響到運勢與貴人運，有的人則是易怒所以消耗太多功德運勢變差，可以透過易經鑑定了解自己可以如何提升貴人運。

皇帝不能一日無國師，企業不能一日無軍師，曄涵老師就是你的軍師與國師，運勢也是一種實力，關於如何提升企業實力與運勢，都歡迎關注曄涵老師的臉書影片與文章。(FB：蔡曄涵)

千手千眼企業管理顧問 ｜ 商業模式圖

重要合作
- 打造企業主靈智啟蒙學校
- 建立大中華區服務提供團隊
- 有效運作的矩陣導流系統

關鍵服務
- 靈魂學線上課程
- 企業人才必修的演講溝通術課程
- 靈魂領導學課程
- 企業易經風水課程
- 易經問事服務
- 靈魂療癒、靈魂美容服務
- 靈修課程、靈魂斷食排毒活動

價值主張
- 開啟「天下企業家、領袖」之靈智
- 唯一結合命理、靈魂、因果，活用在企業決策的企管顧問公司。

客戶關係
- 頂層人脈串聯整合交流
- 國際商業靈修論壇
- 同學會與社群活動
- 營收馬拉松競賽

客戶群體
- 中小型企業主
- 面對缺工問題
- 團隊危機
- 轉型決策問題的企業主

核心資源
- 企業易經師、國際名講師 蔡曄涵 Miranda
- 靈魂療癒師團隊

渠道通道
- 出版書籍
- 社群媒體
- 線上說明會
- 線上、實體宣傳

成本結構
- 課程製作費用
- 講師費與顧問費
- 活動執行費用
- 網站維護費用
- 問事服務佣金
- 課程佣金
- 週邊商品佣金
- 基本管銷費用
- 美容事業經銷費
- 美容材料費
- 週邊商品進貨費

收益來源
- 辦公室空間租金
- 問事服務
- 年度企業易經顧問
- 靈魂療癒、美容服務
- 開運商品、書籍
- 乾坤棒、斷食排毒餐
- 靈魂學線上課程
- 企業人才必修的演講溝通術課程
- 靈魂領導學課程
- 企業易經風水課程
- 靈修課程
- 人脈交流活動

TIP
- 唯一結合命理、靈魂、因果，活用在企業決策的企管顧問公司。

創業 Q&A

1. 生產與作業管理

因為目前很多企業主都會面臨到決策的十字路口，如何轉型、這個員工能不能用、要採取保守策略還是擴充策略等等，很多問題都是沒有標準答案的，我們透過有形面的商業模式及數據分析，搭配無形面的風水地理、前世今生、命格、易經等分析，提供客戶完整的建議。

2. 行銷管理

我們的服務很特別，有點像神職人員，也很像通靈，我們的服務老師們都是收得到無形靈魂界的訊息，有的人看得到，有的人聽得到，可以看到一個人的過去、前世，以及不同決策下的未來畫面，目前靈魂產業界，很少有人會結合企業顧問服務，因為這兩者是完全不同的專業，很多企業主對無形知識、靈魂學比較陌生，但實際上唐太宗李世民時代開始，君王都會有國師透過這些宇宙靈魂界訊息做國家重要決策，現在已經開始有很越來越多的企業主背後都會有請大師、國師協助決策。 目前我們的行銷方式多數是透過文章的分享、Youtube 影片讓大眾對企業易經、靈魂學的知識有初步的認識，預約問事解困的客戶大多數都是透過轉介紹而來的，他們多數是企業主、政治家、二代接班人等等，注重隱私，因此我們不會特別做過多的曝光，多數靠口碑轉介紹而來。

我獨
創角
業，

UNIKORN
UNIKORN
UNIKORN
UNIKORN

千手千眼企業管理顧問

LIVE ▶

FB：蔡曄涵

Chapter 5

健身工作室
貝樂思

Balance Fit Su...

沈威至 Abao Shen
創辦人

企業講座 / 台中中央公園戶外團體課程 / 新竹建華國中體適能演講 /(左)Ronnie 教練 (中)Abao 教練 (右)Nika 總監

找到生活與健康平衡點，每個人都需要 Balance! —貝樂思健身

沈威至 (Abao)，貝樂思健身工作室創辦人。致力打造更舒適、健康的運動環境，追求上課學員、夥伴與自身生活平衡點，並將預防醫學概念結合，打造有別以往的健身工作室。

創立貝樂思，找尋身心靈的生活平衡

創立貝樂思健身工作室，來自 Abao 的親身體驗與領悟。Abao 在 21 歲時便投入健身產業，然而長期工時過長與業績壓力，漸漸拖垮 Abao 的身體。「砰！」在一次上課指導中，Abao 因過勞導致心律不整送醫，在醫院時 Abao 不禁反思—「明明在健身產業，推廣健康身體觀念，但是卻無法守護自己的健康？」因此一股改變的念頭在 Abao 心中冒出了芽。Abao 開始著手準備創業，包含資金、店面、人員的籌畫。等待一切準備就緒在 2020 年 4 月「貝樂思健身工作室」正式成立！品牌名稱「貝樂思」取自英文「Balance」諧音，期望帶給學員、夥伴與自己，一個生活平衡點，舒適的身心靈狀態。Abao 在復健專業知識涵養十分深厚，運用預防醫學概念結合健身課程，打造出不同的品牌差異，成為貝樂思健身工作室品牌亮點。

「預防勝於治療」貝樂思致力於打造學員身心靈健康

貝樂思健身工作室以「健康」為出發點，致力打造健康的平衡生活，提供重訓與多功能課程，像是 Boxing、TRX 等課程，更有筋膜放鬆，同步減緩肌肉緊繃等問題，並強調預防勝於治療，事先預防可以減少大量的時間與金錢成本，將預防醫學概念編列在健身課程內，並加以推廣，期望大眾都可以即早重視，不要在生病後才開始治療或復健。

貝樂思課程採取預約制，提供給學員 VIP 專屬服務，運用預約制可以確實掌握人數，維持空間、上課品質。此外，貝樂思更提供客製化課程，不僅協助學員減肥，擁有更好的體態，貝樂思運用醫學知識，讓學員除了重訓課程

專屬客製化訓練方針和教學模式 /Balance Fit 品牌毛巾和浴巾 / 台灣高齡照護發展協會教育訓練

外，還能獲得體態矯正訓練，例如：當學員因骨盆前傾導致肚子變大，貝樂思不僅會解決體態外觀問題，更會深入協助學員調整椎間盤位置，避免惡化導致更多腰痠背痛等問題。

危機就是轉機，發現市場機會點

Abao 笑著說，貝樂思成立在最艱困的時期。當時適逢疫情，許多朋友都勸 Abao 不要草率離職、輕易創業，雖然都是善意的提醒與建議，卻也造成 Abao 內心極大的壓力與懷疑，但憑著一個不放棄的心，Abao 還是堅持並努力撐過而有了現在的貝樂思健身工作室。對於 Abao 而言，疫情帶來的衝擊別人看到市場萎縮，但是 Abao 卻是嗅出了不一樣的商機—因為疫情，相對於大型連鎖健身房，貝樂思擁有更多人流管制的彈性，需要運動的需求不變，那麼就是貝樂思優勢，而當下就是一個非常好的市場切入時間點。

但是創業過程中，Abao 也是遇到許多困境，像是執行後才發現實際上有很多額外支出，資金缺口造成營運上的困難，還好獲得親友協助出資，也順利度過難關。除了資金缺口外，Abao 遇到人事經營問題，聘請前公司同事擔任教練後不久，貝樂思便因為疫情而被迫暫停營業，停業沒有任何收入情況下，無法提供與教練原本談好的薪資，而夥伴也因此離開。面對這樣的問題，Abao 說他學習到，每件事的發展都需要預先規劃，身為一個創業者更應該未雨綢繆，避免遇到問題時手足無措，無法妥善處理。

成功的人找方法！堅持並不斷突破，相信夢想就在不遠處

關於貝樂思健身工作室的經營，Abao 設定短期目標為每月安排活動，提升學員黏著度，以運動概念元素規劃團課，讓更多人一起完成，在運動中

找到樂趣；中長期目標則是希望能穩定經營，擴展更多店面，服務更多學員，也傳遞生活的健康平衡理念！

對於想創業的人，Abao 不吝嗇分享經驗：

成功的人找方法：創業過程中會遇到太多問題，正視它並解決它

堅持不懈：創業不是一時半刻就能成功的，堅持才是不二法門

相信自己：不要輕言放棄，相信且正向享受喜歡的事情

最後，Abao 強調一千萬不要在該奮鬥時選擇安逸。人生都需要多一點點勇氣與衝勁，就像 Abao 在 21 歲踏入健身產業，運用自身經驗創立貝樂思健身工作室，把專業預防醫學概念結合健身課程，找出貝樂思獨一無二的市場定位，持續傳遞身心靈健康平衡的生活理念！

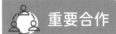

貝樂思健身工作室｜商業模式圖

重要合作
- 健身課程
- 企業、學校演講

關鍵服務
- 體態調整
- 減脂減重
- 樂齡訓練
- 產後訓練

價值主張
- 貝樂思健身工作室以「健康」為出發點，提供重訓、多功能與筋膜放鬆等多樣化服務，環境單純，重視客戶隱私，致力打造身心靈平衡，強調預防勝於治療。

客戶關係
- 客製化教練課程

客戶群體
- 想要良好體態者
- 學習正確訓練方式
- 培養運動習慣

核心資源
- 產業經驗
- 醫學知識

渠道通道
- Instagram
- Facebook
- 口碑行銷

成本結構
- 營運成本
- 人事成本
- 設備採購與維護

收益來源
- 健身課程
- 企業講座
- 品牌周邊商品

TIP
- ※ 危機就是轉機，發現市場機會點
- ※ 成功的人找方法：創業過程中會遇到太多問題，正視它並解決它
- ※ 堅持不懈：創業不是一時半刻就能成功的，堅持才是不二法門
- ※ 相信自己：不要輕言放棄，相信且正向享受喜歡的事情

創業 Q&A

1. 生產與作業管理

想要有效率的達成健康或減重，不只是上健身課程，還要搭配飲食和睡眠還有自主訓練，所以想要達成目標就必須要透過通訊軟體不斷追蹤每日目標和身體狀況，才能穩定朝著目標前進。

2. 行銷管理

讓老客戶介紹新客戶！ 把課程的服務做到最好，除了上課品質外也重視自主訓練和飲食控制的管理，當老客戶的身材和健康有了巨大的改變，就會變成健身房的最佳廣告。 當老客戶滿意自己的改變和稱讚我們的服務時，就是請他們幫忙介紹的好時機，介紹來的客戶多了一層信任感更容易成交也不用花費額外的廣告費。

3. 人力資源管理

我們主打預防醫學，在教練的選擇上會優先以有醫療背景的人員為主，創辦人本身是復健科出身，另一位教練前身是國泰女籃的防護員，思考方向較為相近，在團隊溝通和課程安排上也會更加順利。

4. 財務管理

健身工作室的關鍵在教練本身，如何兼顧教練的上課品質和身心靈健康很重要，增速過程中最大的阻礙就是教練的流動率。

我獨
創角
業，
UNIKORN
UNIKORN
UNIKORN
UNIKORN

貝樂思健身工作室

LIVE

FB：貝樂思健身工作室
電話：0983-608650
台中市北屯區江興街 61 號

極
進
化

體
能
中
心

戴奇宇 Ray
創辦人

共同創辦人：邱俊凱 Michael/ 共同創辦人：劉皓敏 Nuke

追求極致的進步，不斷自我超越與進步—極進化體能中心

戴奇宇 (Ray)，極進化健身中心負責人與共同創辦人邱俊凱 Michael 及劉皓敏 Nuke，因為喜愛運動而踏進健身工作領域。發現業績至上的產業型態並不適合自己，因此 Ray 與 Michael 及 Nuke，合力創辦極進化體能中心，專注領域、不斷精進！

開創新的產業模式，
更注重健身教練的專注與專精

極進化體能中心負責人— Ray，因為對於運動健身的熱忱而致力於健身產業。加入知名連鎖健身俱樂部後，Ray 感受到夢想與現實上的落差，因為產業業績導向機制，讓健身教練無法單單專精在健身領域上，每個月更是有業績達成目標，因此業務開發壓力，讓 Ray 無法專注在健身領域上的精進。

極進化體能中心共同創辦人 Michael 及 Nuke 也有相同想法，認為目前產業型態，讓健身教練專業領域被忽略外，背負業績壓力的氛圍與情緒也會影響到服務的會員，因此三個人與幾位夥伴便開始籌劃創立「極進化體能中心」，開創新的且更優質的工作環境。

極進化—就是要不斷超越現況，
精進能力

極進化體能中心以「在領域做到極致，精益求精」為品牌宗旨，因此僅供「一對一」健身教學，可以依照會員不同情況與需求，客製化專屬課程。為了提高與穩定教學品質，極進化體能中心並無提供其他服務，僅專注在一對一教學，展現「一件事，做到完美極致的決心」。三個人認為，教練的本質是把教學做好，而這個「好」並沒有一個限度，只有越來越好，這次比上次更好。因此極進化健身中心也特別重視教練的培訓，除了須考取證照外，也需要通過內部考核機制，才能獨立上線，開放會員報名授課。

在內部裝潢，Ray 與其他兩位也費盡苦心。一開始三位創辦人非常清楚知道若想發展一對一教學型態，客群將鎖定在高端客群，內裝風格以明亮、質感為方向，更參考許多國內外健身房，最終以米灰色展現質感與活力，運用燈光強弱營造簡約時尚感。不論在品牌定位、課程專精、細微到內裝設計，Ray 與 Michael 都細想周到，每件事，就是要極致完美！

有實力、有能力，
就能獲得客戶信賴與認同

極進化體能中心創立初期，遇到許多困難。Ray 及 Michael 分享，一開始最大困境是受到前東家的刁難，但他們始終堅信，時間與實力會向市場說明一切。然而後來也證實，Ray,Michael 及 Nuke 在產業多年累積的經驗，在會員心中建立起

的好口碑也成為極進化體能中心能繼續經營的最佳助力。

有實力、高品質始終是消費者在乎的！因此即使在沒有龐大行銷預算下，極進化體能中心仍在 PTT 論壇累積網友好評，更有許多新會員是透過在論壇評論，而預約體驗課程，進而成為長期客戶。Ray 提到，讓他印象最深的是一位會員和他說，希望 Ray 能陪他運動到 90 歲，充分顯現出會員對於極進化教學的喜愛與信賴，健身課程也緊緊融入到會員生活，密不可分。

這也讓所有的創辦人體會到一創造好的環境，把擅長的是做好，用認真的態度，慢慢累積口碑，才是品牌持續經營的關鍵。

創業最重要兩件事─把事情做好、
把風險評估好

關於極進化體能中心的經營，Ray 與 Michael 及 Nuke 設定短期目標是將擴大教練團隊，讓教學陣容更穩固與強大，同時也思考如何建立更好的環境與待遇，吸引更多條件不錯教練加入，因此在教練培訓與團隊擴大是短期目標。中長期目標則是能開拓分店，或是發展線上課程、醫療醫美等跨領域合作。

對於想創業的人 Ray 與 Michael 分享經驗與建議：
1. 創業不是賺錢就是賠錢，需深思熟慮且有能力再開始
2. 如果連工作都無法獨當一面，就不要想創業
3. 創業當老闆之前，先學習當好員工
4. 專注把事情做到極致，好到在產業有不可取代性

極進化體能中心 | 商業模式圖

重要合作
- 一對一健身課程
- 重量訓練
- 體態調整
- 曲線雕塑

關鍵服務
- 一對一健身課程
- 重量訓練
- 體態調整
- 曲線雕塑

價值主張
- 極進化體能中心以「在領域做到極致，精益求精」為品牌宗旨，因此僅供「一對一」健身教學，可以依照會員不同情況與需求，客製化專屬課程。

客戶關係
- 健身課程
- 體態管理

客戶群體
- 健康追求
- 運動需求
- 壓力釋放

核心資源
- 健身知識
- 產業經驗

渠道通道
- 官方粉專
- 課程教練

成本結構
- 營運成本
- 人事成本
- 設備採購與維護

收益來源
- 健身課程

TIP
※ 極進化一就是要不斷超越現況，精進能力
※ 在領域做到極致，「不進化，就淘汰！」
※ 專注把事情做到極致，好到在產業有不可取代性

創業 Q&A

1. 生產與作業管理

主力產品的重點里程碑是什麼？

做到產業最佳，講到一對一教學就會想到極進化。

2. 行銷管理

公司目前如何行銷自家產品或服務？有什麼行銷計畫？

專注本業，協助會員改變，會員和學生有效果，自然轉介紹和續約就會源源不絕。

3. 人力資源管理

未來一年內，對團隊的規模有何計畫？

希望能將教練人數增加到 12 人。

4. 研究發展管理

公司規模想擴大到什麼程度？

除了團隊規模擴展到 12 人之外，也希望每個月整體上課堂數可以超過 1500 堂。

5. 財務管理

成長增速可能會遇到哪些阻礙？

人力資源不足。 現階段產業現況，有點能力的教練都寧願當自由教練，而不願意被公司體制約束。

極進化體能中心

FB：X-Revolution Fitness 極進化

電話：02-2749-2565

110 台北市信義區基隆路一段 153 號

麗脊完美

麗脊完美

Healing Space, Beautiful Figure.

葉明嘉 YEH MING CHIA
創辦人

2019 簽書會 /2019 跨界整合論壇 /2020 緩解疼痛骨盆縮小分享會 / 公司外觀

卽完美、一次有感—麗脊完美

葉明嘉 - 麗脊完美創辦人，過去在馬來西亞看診累積無數經驗，成功改善個案體態、達到健康效果，助人的喜悅，葉總也想在家鄉 – 臺灣，繼續延續下去。創立品牌後，推廣預防觀念、倡導使用最自然的方式，回復健康，同時美麗。

創立品牌、分享經驗、提倡預防

葉總回想創立公司十六年來的經歷—在馬來西亞成立診所的時光，在那裡見證個案的進步、觀察民眾選擇施行手術的比例…，葉總回臺灣後，決定與家鄉分享這些寶貴經驗、幫助國人。

在葉總的臨床經驗裡，意識到「預防」的重要性，「大問題變成小問題，再針對小問題做預防」一個膝關節嚴重疼痛到不能走路的案例，做好日常預防，或許體況不致如此。葉總希望能創立一個品牌，除了幫助個案、也能推廣預防觀念，讓更多民眾意識防範的必要，減少承受不必要的痛苦的機會，提升生活品質。

經驗充足了、動機有了，回臺後的葉總便創立品牌 - 麗脊完美。

改善健康，需全方面著手

信念已錨定，品牌定位卻思索了一年之久，談論「脊椎」健康，一般人直覺印象是專業醫療領域，民眾較有距離、覺得生澀，再來是談論到「健康」，大部人是無感的，尤其是女性族群，然而「美」、「雕塑」等關鍵字，卻總能獲得最大迴響，葉總想到可以透過「美」，讓民眾認識體態平衡的重要性、推廣預防觀念，便創立「麗脊完美」，取諧音「立即完美」，並結合公司 - 嘉麗通健康科技的「麗」，主打關注美麗、同時擁有健康體質，

讓生活「脊盡完美」。

「麗脊完美」使用最自然的專業手法，幫助顧客回復體態，服務項目從足部到臉部，徒手臉型雕塑、產後調理、烏龜頸、姿勢不良等現代人常見問題，透過徒手調理就能大幅改善，葉總有自信地說：「體驗一次，立即有感！」。個案在中心調理後，回家後還要做例行功課，健康狀況與生活習慣、體能運動、肌肉條件…等因素息息相關，配合中心給予的建議與飲食搭配，才能全方位由內而外打造健康，也建議兩周調整一次，才能事半功倍。麗脊完美希望個案並不只是在中心治療有感，更希望民眾擁有正確觀念，時時為自己守護健康。

「麗脊完美」除了徒手調理服務，也定期開辦

學校產學合作授課 / 月子中心推廣產後回復 / 線上活動 - 麗脊動動好 結合健身 打造完美體態 / 麗脊完美調整空間

培訓課程，提供學習管道讓更多有興趣的民眾學習專業手技。現在麗脊完美積極與各領域異業合作，例如健身房配合，為客戶量身打造重量訓練課程，尤其是產後媽媽，寶寶隨著時間成長、重量增加，媽媽們有鍛鍊身體的需求，也與營養師合作提供飲食計畫，為產後媽媽泌乳的營養把關，落實由裡到外全方位改善體質，也降低媽媽們產後的傷害與憂鬱，提供客戶完整服務。

助人也是助己，與個案一同分享喜悅

助人回復健康是品牌核心理念，變美是附加價值，葉總說，客戶驚訝的表情、滿意的回饋，從未想過體態在女孩子心目中是如此在意，也從未料到恢復過去身材、能穿上以前的衣服能為客戶帶來莫大的幸福感。

一位擁有兩個孩子的媽媽，產後約三、四個月前來調整，僅僅三次的徒手調理，這位媽媽的四圍足足少了約四十一公分之多，恢復產前的曲線，

身旁的家人也見證這巨大的改變，客戶的喜悅不在話下，如此驚人的進步，令葉總印象深刻，也感到十足的成就感。

另一個例子是葉總的學姐，因工作關係，長期久坐，臀部線條隨著時間逐漸變得寬大，腰間與髂股日積月累囤積許多脂肪，再加上肌肉緊繃，導致下肢水腫。經過第一次調整，原本不通順的線條便回復滑順曲線，也在後續一次一次的徒手調整，協助學姊慢慢回復過去體態。能得到朋友的信任，並實質改善對方的生活品質，這份健康事業使葉總與周遭朋友的連接度更緊密，助人也是助己，與客戶一同分享成就感、分享喜悅。

覺察動機、內求進步、利他助人

在臺灣，麗脊完美已拓展至三家分店，分別是台北、台南、高雄，葉總預計在短期完成在台五家直營店的目標，讓北、中、南的民眾都能就近體驗麗脊完美的神奇，並持續優化服務項目，發展

成為更有系統、精緻化的健康產業，葉總也樂於分享他的經驗與技術，創立課程，讓更多人認識、加入手技產業，也開放加盟系統，期望更多有熱忱的人投入這門事業，葉總也計畫將來這套系統帶到國外發展，讓這門技術不只受惠國人，也在國外發揚。

對於也想開始創業的新鮮人，葉總給予建議：「起心動念很重要，決定你成就這份事業的高度。」有一位學員，為了減經家人的病痛前來學習，是如此的動力，讓這位學員擁有不斷優化自己的信念。葉總也分享在一次聯合國合作的幸福企業參訪中，看到的標語：「覺察、內求、利他」，這句話深深影響葉總至今，覺察自我的初心、覺察他人的需求，透過內求，不斷求好求精，達到滿意甚至超過期待的成果，再影響、幫助至他人，達到「利他」，創造社會價值。

麗脊完美 │ 商業模式圖

重要合作
- 健身房
- 營養師
- 月子中心
- 中醫診所

關鍵服務
- 徒手臉型雕塑
- 產後調理
- 烏龜頸
- 姿勢不良等現代人常見問題

價值主張
- 主打預防之重要，及使用最原始自然、非侵入方式調整客戶體態，達到健康效果。

客戶關係
- B2B
- B2C
- 異業合作

客戶群體
- 任何想透過非侵入式改善健康客戶、產後媽媽族群…等

核心資源
- 多年來的專業徒手技術與臨床經驗

渠道通道
- 實體空間
- 官方網站
- 媒體報導
- Line@

成本結構
- 營運成本
- 人事成本
- 設備採購與維護

收益來源
- 調整收益
- 廠商合作利潤

TIP
※ 體驗一次，立即有感。
※ 關注美麗，同時健康，讓生活「脊盡完美」。

創業 Q&A

1. 行銷管理

公司目前如何行銷自家產品或服務？如果還沒開始，有什麼行銷計畫？

目前的方向會以服務好每一次的客戶為主，讓客戶看見自己每一次的改變，以及協助他在日常生活中需要強化與注意的方向，建立好的口碑，依此成為良善的循環，不斷重複這樣的動作與方式。

2. 人力資源管理

未來一年內，對團隊的規模有何計畫？

1. 培養各店的種子老師，完善各項升遷制度 2. 完善 S.O.P 3. 擴大能提供的服務項目

麗脊完美

FB：麗脊完美

LINE：lin.ee/gtQpIQP

高雄市鼓山區馬卡道路 27 號

不完美 手作工作坊

賴麗 Anita Lai
創辦人

沒有極致的完美，今天都比昨天更完美─不完美手作工作坊

賴麗老師，不完美手作工作坊創辦人。對於服裝設計與裁縫有著濃厚興趣，在退休後為了圓一個夢，創立了不完美手作工作坊。以獨具一格的風格，藉由好評口碑，闖出手作工作坊一片天。

幫自己圓個夢，
創立不完美手作工作坊

從小，賴麗老師就對服裝設計與裁縫展現濃厚興趣。當年就讀國中，年僅 13 歲的賴麗老師便下定決心，立志要當一名服裝設計師，但是因為家境因素，父母親需要養育家中四名子女，生活相當經濟拮据，然而服裝設計又是需要相當多的花費與資源，除了學費以外，還需要不少的作品材料費，但是賴麗老師並沒

有因此而放棄，而是運用下班時間進修學習，累積豐富的裁縫經驗。

賴麗老師退休後，決定幫自己圓一個夢，創立個人品牌的手作坊─「不完美手作工作坊」。而品牌名稱的命名也十分有趣，賴麗老師認為，許多人對於作品相當的追求，事事都希望能一次到位，因為功力與經驗的不足，是不可能一開始就達到極致完美，卻可以透過經驗累積而達成！因此賴麗老師將工作坊取名為「不完美手作工作坊」，想要傳遞給同樣喜

愛設計裁縫的布友們─不完美才有進步空間，今天的完美來自於昨天的不完美。

「沒有極致的完美，今天都比昨天更完美」是不完美手作工作坊的經營理念

賴麗老師說到，曾經有一段時間，自己也在追求完美。希望所有東西一次到位。忽然有一天，賴麗老師忽然發想，過於追求完美的

個性，其實也是一種不完美。每件事，包含手作也是，都需要時間的細磨、經驗的累積，等到有一天回頭去看，才發覺自己的成長，與不斷進步的軌跡。

不完美手作工作坊服務包含，洋裁教學，讓學員可以學習到設計師、打品師、打樣師等技巧，通通都可以在這邊學習到；布料銷售，協助學員購買練習，也是與其他布友交流的好機會；設計客製化訂製服，根據客人需求及喜好，訂製專屬的服裝。隨著服務項目的多元，也讓賴麗老師專業與正向的態度感染，品牌也漸漸開始有了好口碑。

用專業與細心，創造更多好口碑

賴麗老師曾幫一位布友訂製十套衣服。這位身兼布友的客戶，因為原本的設計師因故請假，所以轉而委託賴麗老師製作衣服。第一次製作時，賴麗老師聽從客戶的建議與想法，雖然成品獲得客戶大力讚賞，但賴麗老師卻十分不滿意，認為自己沒有盡全力發揮，因此第二套開始，賴麗老師獲得客戶的同意，開始由自身經驗與審美角度開始製作，用心設計十套衣服不同款式，完成後不僅受到客戶，更得到其他設計師的肯定，這讓賴麗老師獲得滿滿的信心與鼓舞。

解決問題，才會沒有問題

關於不完美手作工作坊，賴麗老師也規劃短中長期的階段目標。

在短期目標中，持續陪伴現有學員學習更高階裁縫技能；中期則是規劃培養更多專業師資，擴大工作坊的經營理念；長期則是希望能夠盡綿薄之力，傳遞審美觀，讓台灣的「美感美學」更高的提升。

對於想創業的人，賴麗老師也予建議：不要動不動就把挫折掛在嘴邊，解決問題，才會沒有問題，若只是負面認為困難就是挫折，那每天都會遇到像骨折般讓人沮喪。

賴麗老師也有幾點創業心得想與讀者分享：

1. 熱愛產品、熱愛想做的事情，才可以面對困難
2. 不要為了賺錢而賺錢，賺錢建立在良知之上

就如同賴麗老師想傳達的一開心良善，追求每天更好的自己！

不完美手作工作坊｜商業模式圖

重要合作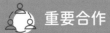
- 洋裁教學
- 專業技術
- 布料銷售
- 客製化訂製

關鍵服務
- 洋裁教學
- 專業技術
- 布料銷售
- 客製化訂製

價值主張
- 「沒有極致的完美，今天都比昨天更完美」是不完美手作工作坊的經營理念。過於追求完美的個性也是一種不完美。每件事都需要時間的細磨、經驗的累積，等到有一天回頭去看，才發覺自己的成長，與不斷進步的軌跡。

客戶關係
- 學員
- 買布需求
- 客製化訂製

客戶群體
- 一般大眾

核心資源
- 產業經驗
- 專業技術

渠道通道
- 工作坊
- 官網／粉絲專頁

成本結構
- 營運成本
- 人事成本
- 設備採購與維護

收益來源
- 產品販售
- 規劃服務

TIP
※ 沒有極致的完美，今天都比昨天更完美。
※ 解決問題才會沒有問題。
※ 熱愛產品、熱愛想做的事情，才可以面對困難
※ 不要為了賺錢而賺錢，賺錢建立在良知之上

創業 Q&A

1. 生產與作業管理
如何精準的執行在目標上？
主要是進口布料銷售，洋裁教學。客群定位明確，廣告受眾命中率高，客戶層一致性高。

2. 行銷管理
公司有什麼公關策略？
給網路群組，親和活潑、禮貌、教學有深度的印象。

3. 人力資源管理
合作對象的選擇和注意點？
品質、誠信

4. 研究發展管理
如何讓市場瞭解你們？
口碑

5. 財務管理
成長增速可能會遇到哪些阻礙？
是否擴充的考量

Stay Sweet boxes

Mia Chan
創辦人

做出每日幸福的味道——Stay Sweet boxes

Mia,為 Stay Sweet Boxes 創辦人。從對做菜一竅不通,到能夠做出美味料理與家人朋友分享,並將經驗寫成文章,提供料理的愛好者更多協助。憑著對美食的熱忱,創立手作料理品牌,透過簡易料理包讓不論是否精通料理,都可以輕鬆舉辦一場「美味又溫馨」的派對饗宴。

美味料理的關鍵,通通都在細節裡

想做出曾經在餐廳吃到的難忘料理,開啟 Mia 料理之路。當時是「料理小白」的 Mia,原本以為製作料理是一件簡單的事,放點音樂、再搭配杯酒,是一個在繁忙工作之餘的輕鬆休閒,然而,事實上卻不是這麼簡單!就像 Mia 十分喜愛的義大利起司餃,從食材選用、餡料比例、麵皮製作,都是需要花時間去研究與嘗試,才能了解箇中奧秘,製作出美味的義大利餃!

一開始,Mia 先透過網路食譜、電視節目,以及烹飪教室學習料理。並學會在做菜之前「擬定作戰計畫」,花時間研究食譜,親自到市場挑選食材,研究調味料比例,從對食材、製作手法的一竅不通,在摸索學習下,逐漸熟悉食材特性與運用,成功做出令家人朋友讚許的料理後,開始在網路上分享自身成功食譜。Mia 當時想法很簡單,就像書寫日記一樣,紀錄下每道料理的製作以及故事。

後來,Mia 開始會收到一些來自粉絲回饋,這讓 Mia 感到無比溫馨,發現原來在學習烹飪

路上一點也不孤單,還有這麼多愛好者在!Mia 獲得更大的動力去分享更多美味食譜!也成為 Mia 創立品牌的重要契機。

Stay Sweet Boxes — Everyone can cook!用美食創造生活的難忘回憶

Mia 手作料理提供料理包、新鮮手工義大利麵、宴會所需的主食、配菜、甜點,包含送禮的節日禮盒、擠花蛋糕、和獨創的「擠花酒」等,都可以在 StaySweetBoxes 買到,其中也有開設烹飪及擠花的甜點課,到創業的擠花

證照，多元服務滿足消費者需求。

Stay Sweet Boxes 品牌理念—用料理串起人與人之間交流，創造生活的美好回憶。而「美味料理」就是極致重要的關鍵，Mia 將自身喜愛的料理注入到品牌商品中，從原料選擇、配合廠商都是經過精心挑選，因為 Mia 知道，任何一個細節都會影響到料理的美味。除了異國料理包外，Stay Sweet Boxes 也有販售高湯包、新鮮手工義大利麵，Mia 說道，高湯是常被忽略的細節，卻是影響關鍵，用簡單食材熬煮能讓美味更上一層樓，除了市面販售的高湯塊，Mia 希望能讓生活忙碌的消費者有更多選擇，而販售手工義大利麵，讓每個人在家也能有餐廳級饗宴。「Everyone can cook」，不管你是誰，都可以做出美味料理。

簡單就很美好因為是與重要的人一起

隨著廚藝精進，在特殊節日舉辦聚會，成為 Mia 甜蜜又沉重的負擔。製作家人朋友喜愛料理，看到他們笑容 Mia 感到十分的滿足，從事前規劃、菜單制定，到聚會當天的互動，都是一般餐廳無法取代的特別回憶。經過幾次後，每次舉辦都需耗費大量時間與精力，於是 Mia 開始懷疑「舉辦盛大聚會」的意義。

某次 Mia 到泰國旅行，因緣際會下前往當地家庭交流，與當地泰國人一起研究食材、動手料理，完成後一同在飯桌享用，雖然有著語言隔閡，Mia 十足感受被滿滿溫馨所包圍。這一頓飯，對於泰國家庭而言，是一個極為平凡的日常，但對於 Mia 而言，是一個無可取代的異國體驗。

Mia 忽然明白—真正的聚餐，是能夠聚在一起聊天、大笑，透過桌上的美食，成為彼此的連結，一個交流的開始。臨時起意的聚餐，只有簡易餐點也很棒。簡單就很美好，因為是與重要的人一起。

創立 StaySweet Boxes 後 Mia 還是持續在網路寫食譜，並在社群軟體分享日常烹飪、美食、儀式感與親朋好友聚會的時光，以及體驗課時客戶們之間的互動，藉著各種聚會分享彼此對生活的熱情，希望喜歡這樣生活的粉絲，看到每一次的發文都能對食物與生活充滿美好想法！

背負使命感，促使我們不斷追求完美

未來 Stay Sweet Boxes 將推出更多消費者喜愛、多元化料理包，以及創新有趣的甜點禮盒，也會與咖啡廳、餐廳合作開設體驗課，一起和親朋好友共度美好時光，做出實用又美的東西，留下美好回憶。

對於想創業的人，Mia 認為一定要有「明確目標」，要十分清楚品牌理念與市場差異，唯有目標明確才不會輕易被困難和懷疑動搖。Mia 也建議想創業的人，背負使命感，促使自己不斷追求進步、堅守完美。

Stay Sweet Boxes ｜商業模式圖

重要合作
- 新鮮食材
- 一般消費者
- 供應商

關鍵服務
- 料理包
- 新鮮手工義大利麵
- 甜點
- 禮盒
- 節慶送禮
- 證照教學
- 體驗課程

價值主張
- 用料理串起人與人之間交流，分享生活的美好回憶。將自身喜愛的料理與生活方式注入到品牌商品中，從原料選擇、配合廠商都是經過精心挑選，因為任何一個細節都會影響到料理的美味程度。
- 獨創的「擠花酒」課程，主打輕鬆歡樂的路線，讓客戶在課程中享受生活的樂趣，和親朋好友留下美好的回憶。
- 韓式擠花證照班，提供6種不同的證照，讓想創業的人有更多選擇。

客戶關係
- 網路訂購
- 社群互動
- 教學追蹤

客戶群體
- 不擅長料理的人
- 生活忙碌的人
- 想舉辦宴會餐敘
- 重要節日送禮
- 一技之長創業
- 對擠花有興趣的人
- 喜歡品酒的人

核心資源
- 料理包（產品）
- 美味食譜分享
- 甜點禮盒（產品）
- 韓式擠花證照
- 擠花酒（產品）
- 體驗課

渠道通道
- 官方網站 / 自媒體社群
- (FB/IG)
- 供應商合作

成本結構
- 營運成本
- 人事成本
- 設備採購與維護

收益來源
- 產品
- 課程

TIP
- ※ Everyone can cook — 不管你是誰，都可以製作美味料理。
- ※ 用料理串起人與人之間交流，創造生活的美好回憶。
- ※ 背負使命感！促使我們不斷追求完美，從生活中發現客戶的需求，創造更多新產品。

創業 Q&A

1. 生產與作業管理

如何精準的執行在目標上？

喜歡烹飪、與愛的人聚在一起創造美好回憶是我的初衷，單純的想將這樣的精神帶到每個人的生活裡，不管是日常生活還是重要節日，透過我們的產品讓客戶與身邊的人有了相聚的理由。料理包、甜點禮盒、體驗課程在市場上選擇不少，因此我們更專注於如何讓我們的產品與課程更有互動性和記憶點，刺激客戶思考：這樣的產品 / 課程我想與誰一起分享？

而我們也會不停創新，從生活中找出潛在的需求，接著用實際的商品呈現，做很多美的東西或課程，豐富客戶的生活。

2. 研究發展管理

如何讓市場瞭解你們？

我們的產品在台灣並不多見，像是我們獨創的「擠花酒」，除了與相同性質的店家、廠商一起合作展出、開課以外，簡單明瞭的DM 也很重要，介紹產品的獨特性，引導客戶去想像在他們的生活中如何與我們產品的做連結。經營社群網站會偏向於生活化的影片並置入產品，例如：烹飪教學、擺盤佈置，讓客戶與產品產生連結進而激發好奇心與話題，增加形象傳達品牌理念。

3. 財務管理

成長增速可能會遇到哪些阻礙？

由於產品屬性高度客製化 註定無法大量生產 追求成長的過程中我更專注於提升客戶的好感度 品牌認同度與回購率 並且多開體驗課程、證照班，與客戶更多交流互動。

IG：@staysweetboxes
FB：Stay Sweet Boxes
電話：098907139

易學科技

蔡幸君 Gina Tsia
董事長

eShade

母子聯手打造牙體顛覆性解決方案 - 易學科技股份有限公司

「易學科技股份有限公司」創辦人 - 蔡幸君董事長,拋開「家庭主婦」角色,與就讀牙體技術所的兒子,共同創立「易學科技」,起心動念來自兒子慧眼獨具看見牙體數位化的商機,於是聯手創立公司,從提供牙體技術所數位化一條龍服務,至發覺牙體數位化痛點 -「牙科 AI 比色技術」問題,於是致力於研發優化「牙科 AI 比色技術」之軟硬體設備,革命性的思維,吸引國際廠商前來合作,攜手為牙體產業提出顛覆性解決方案。

褪去過去身分,
脫胎換骨成為創業主

蔡幸君董事長,二十年的家庭主婦身分,從未想過創業,認為「養兒育女」大概就是這一生唯一使命,直到就讀牙體技術所的兒子,有天突然跟媽媽 - 蔡董提議合夥創業,便開啟蔡董的創業之路。年僅二十歲的兒子在就學期間,觀察到牙體產業的未來趨勢:由手工製作轉為數位製程,這將會是一大商機,於是聯手創立「家誠全球數位醫材」,推廣牙體數位化設備與服務,致力在台灣推動牙科醫療數位化。服務過程中觀察到,牙體數位化製作痛點:「比色誤差」,色差問題導致退件比率高,於是創立「易學科技股份有限公司」,致力於研發提供「牙科 AI 比色技術」解決方案,真實還原顏色,翻轉牙科產業、改變世界。

解決痛點、翻轉產業

「家誠全球數位醫材」主要服務為協助牙體數位化轉型、牙技設備銷售與租借,從醫療設備到牙技所一條龍服務。而在數位製作的過程中,蔡董發現到,數位化大幅提升假牙製作精準度,但在「上色」階段還是需要人工上色,而「比色」、「上色」經常因為光源、角度、攝影設備…等外在因素,導致最後完成品呈現「色差」,也往往是顧客退件的主要原因,曾經就有案例因為色差問題退了八次件,來來回回對於醫師、牙技所、客戶皆是內耗。蔡董觀察,如能解決「比色」問題,將會翻轉牙體產業、改變世界。

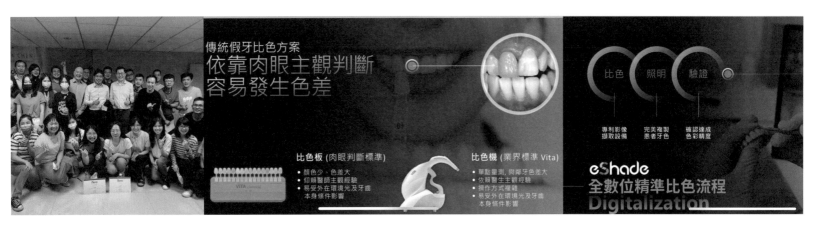

「易學科技」核心理念為：提供色卡解決方案，優化數位製程解決「色差」痛點 - 排除外在因素、真實還原顏色。如今，「易學科技」與全球最大牙科通路商、全美國最大假牙製造公司皆為合作夥伴，並與知名大學協力製作相關論文報告，「易學科技」與國際接軌、正與世界聯手預備翻轉牙體產業。

不間斷的學習，突破重重考驗

創業的分工由兒子負責開發客戶，蔡董負責籌備資金，最初用房子貸款的資金，在創立公司後的三個月就所剩無幾，除了資金，設立公司、法規、招募團隊、開發客戶…等，對蔡董來說皆是完全陌生的領域，一切從頭摸索、學習。對於蔡董來說，創業最困難的事情是「生存」，每一天皆有新的任務接踵而來，每一步都步履維艱，只要有一絲一毫差錯，都有可能造成公司極大損失。而蔡董鼓勵自己「關關難關關關過」，不懂的事更要努力學：

；沒有資源更要用盡全力爭取，蔡董積極帶領「易學科技」參與國際競賽，大量曝光機會，累積許多貴人及天使投資人，讓公司體質漸漸穩定、成長。「創業的每一步都困難重重」蔡董說，然而，蔡董十分珍惜這次無意間的創業機會，發現未滿足的市場，並從中創造價值，是蔡董最大的成就感來源，不斷挑戰自我破除框架、不停吸收新知，即使創業之路辛苦，每一天都是新鮮、好玩的。

「學習」就是開創事業最好的建議

對於「易學科技」未來目標，蔡董表示將與更多國際公司、組織接軌、合作，直至「色卡」校正解決方案日臻成熟。而蔡董給予也想創業的人建議：「不要從自己會什麼，做為創業出發點」而是謹慎思考市場需求、觀察產業痛點，任何不懂的事物：「學！就對了」。蔡董也分享：身為長輩要多給予年輕人舞台與學習的機會，「對於二十歲的兒子，夢想並不會太早；對於四十歲的我，創業並不會太晚」，不間斷的學習、接受挑戰，再怎麼樣困難的障礙都能迎刃而解，也唯有不斷吸收新知，才有能力應變未來變動的世界局面。

易學科技 | 商業模式圖

 **重要合作**
- 與國際各大牙體產業公司機構合作。

 關鍵服務
- 牙體數位化「色卡」製程優化。

 **價值主張**
- 優化「牙科 AI 比色技術」製作過程，減少牙醫、牙技所、顧客三方資源內耗。

客戶關係
- B2B

 客戶群體
- 任何期望解決牙體色卡問題之服務機構。

核心資源
- 專為「牙科 AI 比色技術」研發的軟硬體解決方案。

渠道通道
- 實體空間
- 官方網站
- 媒體報導
- Line@

成本結構
- 營運成本
- 人事成本

收益來源
- 顧客收益

 TIP
※ 不斷挑戰自我破除框架、不停吸收新知。
※ 對於二十歲的兒子，夢想並不會太早；對於四十歲的我，創業並不會太晚。

創業 Q&A

1. 生產與作業管理

開發／溝通過程什麼事情發生最令人害怕？

因為是看到在數位牙科製程中長期無法解決的痛點，同時這痛點也是全數位製程中的斷點與障礙，我們看到問題也感受到機會，於是投入了研發，過程中最擔心資金不足，也擔心研發的技術方向與市場需求的變化，最擔心的還是資金問題。

2. 行銷管理

從客戶第一次接觸到成交，一段典型的銷售循環是什麼樣子？

先找到第一個對的客戶，解決客戶需求，創造信任與共贏的合作策略！透過指標型客戶的合作背書，開發更多全球合作伙伴。

3. 財務管理

從客戶第一次接觸到成交，一段典型的銷售循環是什麼樣子？

因為我們建立了新的牙科數位比色的新標準，讓牙醫與患者有更簡單的流程、讓牙技公司改善製程的大量損耗與各種浪費，希望透過主力市場的快速推廣、快速創造高價值，快速達成資本化目標。

易學科技

電話：02-25595915

臺北市士林區文林路 342 號 7 樓

訂制禮服
后麗芙手工

ESTHER
WEDDING DRESS

錢淑貞 Mani Chien
執行長

訂製專屬禮服，讓重要時刻閃閃發光—后麗芙手工訂製服

錢淑貞，后麗芙手工訂製禮執行長，大家都會親切稱呼她為曼尼姊。因為對畫畫的喜愛，開啟服裝設計學習。一路堅持，不斷致力於婚紗產業，透過專業與熱忱，解決問題，讓每位客人重新發光，在人生重要時刻完美登場。

因為喜愛，所以熱情滿滿

曼尼姊從小展現出對於畫畫的天賦與熱忱，高職時聽從父親建議，選擇就讀服裝科系。畢業後，懷抱著學習與夢想，從高雄北上至臺北擔任服裝學徒，因為薪資不高只能盡量節省開銷，三餐僅用簡單的麵包溫飽，所幸遇到疼愛自己的老闆娘，中午總會特別準備便當給曼尼姊，這段日子雖然艱辛，但也因遇到許多貴人，讓曼尼姊感受到滿滿溫暖。

後來，曼尼姊因為母親身體因素回到的高雄，並幸運在一家婚紗工廠任職。因為傑出的工作能力，受到老闆肯定擔任廠長，需管理 35 人的團隊，當時曼尼姊年僅 25 歲。之後輾轉到嘉義新開婚紗廠工作，運用原先經驗協助新廠經營。在成立品牌後，這家公司也成為曼尼姊強而有力的後盾。

多方累積經驗後，曼尼姊成立了「曼尼禮服設計」，從一開始小量禮服批發，到一個城市、一個款式、只賣一件的精品批發，不僅做出了口碑，也讓曼尼姊由此建立起良好的銷售網。不斷學習的曼尼姊當然不止步於此，期望透過專業，服務更多消費者，所以 2019 年專為主婚人服務「后麗芙手工訂製服」誕生，隔年 2020 年，成立以新娘為需求出發點「艾絲特手工婚紗」，讓專業禮服訂製可以服務到更多客群。

品牌宗旨—都有一件，最合適自己的禮服

曼尼姊說道，成立后麗芙手工訂製禮服，主

要服務對象為主婚人—新人的母親。以 26 年在高級禮服產業經驗,解決客人身材問題,及專業訂製工法達到身形雕塑,讓每位母親可以漂漂亮亮參加兒女婚禮。因為曼尼姊知道,每位母親為了家庭,付出了大把時間與青春,讓母親能在兒女重要時刻,完美時尚登場—因為不管是誰,都可以找到自己最合適的禮服。

透過后麗芙專業,讓客人在重要時刻,穿出完美與獨特

「一直強調—我很胖喔!」當曼尼姊回憶起這位的客人,總是先跳出這句話。這位客人為了參加兒子婚禮,找遍了高雄婚紗店,卻因為身形困擾一直找不合適的禮服。最終,客人來到的后麗芙,現場人員仔細比對後,發現目前款式皆不合適,因此請客人先挑選中意款式,製作後再請她回到店裡試穿。二週後客人一穿上禮服,露出感動的神情:一則感動服務、二則感嘆后麗芙的專業。曼尼姊說道,透過專業協助,讓客人在人生重要時刻,穿出屬於完美與獨特,是后麗芙一直以來的初心,運用經驗與工法雕塑身形,讓客人搖身一變成為最閃耀的目光!收到客人肯定,更是曼尼姊一路走來,支撐的動力。

保持初心、保持熱情,就會帶來夢想的實現

曼尼姊分享,創業這條不容易,是否記住初心顯得格外重要。當遇到問題、困境時,可以想一想:初心起始點是什麼?只要沒有忘記,初心可以帶領突破層層挑戰。

曼尼姊也提醒,不可停留原地,要不斷學習,從傳統中力求創新。疫情讓品牌經營顯得更為困難,但是,后麗芙手工訂製服透過曼尼服裝設計的專業支援,將業務範圍擴大,結合電商開始兒童禮服訂製。讓服務更加完整外,曼尼姊相信,0 歲到 99 歲,每個階段都值得紀錄!以曼尼姊 35 年的創業經驗,一路走來始終沒有忘記初心,也因為如此,可以一直堅持,帶給更多客人—在重要時刻,閃閃發光。

后麗芙手工訂制禮服 ｜ 商業模式圖

 重要合作
· 曼尼服裝設計

關鍵服務
· 禮服訂製

 價值主張
· 解決客人身材問題及專業訂製工法達到身形雕塑，讓每位母親可以漂漂亮亮參加兒女婚禮。讓母親能在兒女重要時刻完美時尚登場—不管是誰，都可以找到自己最合適的禮服。

客戶關係
· 禮服訂製

客戶群體
· 參加重要場合
· 一般出租禮服不符合需求
· 期望獨特性

核心資源
· 產業經驗
· 服裝設計
· 專業工法

渠道通道
· 服務人員
· 實體空間
· 官方網站
· 自媒體社群 (FB)

成本結構
· 營運成本
· 人事成本
· 設備採購與維護

收益來源
· 禮服訂製

TIP
※ 保持初心、保持熱情，就會帶來夢想的實現
※ 傳遞愛與幸福的橋樑
※ 不管是誰，都可以找到最適合自己的禮服

創業 Q&A

1. 生產與作業管理

曼尼禮服 30 來從事國內外精品婚紗禮服批發，服務超過 300 家以上的婚紗門市，成爲如今轉型門店后麗芙手工訂製禮服強而有力的後盾，諿服務更精緻細膩貼心，使每位新娘及主婚人，不只腰圍立馬少 3 吋，更在婚宴中成爲目光焦點，驚豔全場。

2. 研究發展管理

公司規模想擴大到什麼程度？

我們團隊期許能成爲客成一個架起愛與幸福的橋樑，諿婚紗可以擴散到更多的客群，諿體驗及結合婚紗元素的文創商品擴及到禮品及寵物並整合禮服研發中心的人力物力資源成立禮服設計學院，諿美的事物發揚光大。

3. 人力資源管理

團隊有哪些相關領域經驗嗎？

后麗芙手工訂製禮服館，服務團隊皆爲有 15 年以上禮服相關經驗的設計師爲客戶挑選禮服，可以精準針對不同體態新娘及主婚人建議合適的禮服外更可完善修飾身材曲線，亮麗登場。

4. 財務管理

目前該服務的獲利模式爲何？

禮服設計製作才銷售批發 禮服訂製 禮服租賃

我獨角業，創
UNIKORN
UNIKORN
UNIKORN
UNIKORN

后麗芙手工訂製禮服

LIVE ▶

官網：www.houlivdress.com/

FB：后麗芙手工禮服

高雄市鳳山區自治街 6 號

那可拿 戒毒中心

林珈甄
執行長

NARCONON
那可拿新生活教育中心

以有效的戒毒課程幫助無數家庭，重建幸福人生 – 那可拿新生活教育中心

林珈甄，那可拿新生活教育中心執行長，於 1999 年毅然決然辭掉工作，至美國受訓後加入戒毒中心服務至今，幫助許多學員戒毒成功，且身體及精神狀態比吸毒前更良好，並讓他們重建美好家庭及人生，得到滿滿回饋的中心繼續廣納人才一起來幫助這群人。

出發點為幫助人走出來、全心投入

那可拿戒毒中心是淨耀法師成立的，而那可拿 NACONON 名稱的由來，是向毒品說不，意思是要把吸毒的壞習慣拿掉。起初法師參與台北龜山監獄淨化社會文教基金會戒毒實驗計畫，計畫執行前，法師發現很多人在監獄受刑時想要改變，但出獄後還是會被毒品控制，無法遠離毒品，於出國考察時，發現國外戒毒計畫對受刑人的正面影響，因此回國後將此計畫執行內容分享給當初的法務部長，才開始正式執行這項計畫，林執行長當時看到這計畫也想盡份心力，毅然決然辭掉工作，出國參加受訓，回國後全心投入。

戒毒計畫的成功率大約有 60%~80%，平均每五個人就有一個人會失敗，看到失敗案例會讓林執行長感到非常挫折，但經過心態調整，其實只要盡自己所能教導，學員結訓完畢後要不要去執行，已不完全是她的能力範圍能控制的，但她很開心的發現，戒毒成功的學員，身體及精神狀態非常良好，甚至比吸毒前還要好，所以她把重心從原本放在失敗率上改成這個計畫的成功率，救了多少人及多少家庭，自己能夠為社會做了多少貢獻，是讓她感到最有成就感的。

妥善且完整的課程安排、重新建構人生

課程內容是整套的，剛進來的學員都會面臨到第一堂課「毒品的戒斷期」，通常是七天，戒斷期間身體會感到非常不舒服、思緒混亂以及無法入睡等症狀，完成戒斷期後，才進行下一堂課「進化程式」，藉由三溫暖烤箱及跑步等方進行排毒，讓學員適當的流汗及補充營養品，此時殘留在體內的毒品殘留物漸漸排除，排除後身體的不適感會降低，思緒也會比較清晰，但 K 它命所引起的膀胱炎等疾病不會因此完全好轉，中心會安排就醫。大多數的學員完成第二堂課後，感到課程對他們身體有達到療效，也更加肯定課程的安排，所以都會主動留下來繼續進行接下來的課程，

第三堂課為「建構面對及溝通能力」，此堂課會有很多人跟人之間互動、說話及應對等演練，學員完成這堂課後情緒會更加平穩，即進入到第四堂課「生活技能的建構」，此課程會教導學員如何判定社會人格及反社會人格，會提供兩種人格各 12 種屬性，讓學員學會判斷，設計這堂課的原因是學員們因缺乏生活技能、不會判斷人以及放任自我，因此誤認為販售毒品的人是朋友，學會判斷後，大多數的學員對家人會感到愧疚，也發現其實家人都是在幫助他們，也知道哪些人是不該繼續來往的。

第五堂課「品格」，讓學員把過去做錯的或對家人傷害的事情一一寫下來，釋放內心的愧疚感，幫助他們建立正確的價值觀，並重新架構起對工作、對家人正確的責任及態度，幫助他們在社會上生存，並提升自信度，最後一堂課為「狀況共識」，此指對於生活上或工作上遇到的狀況認知，告訴學員遇到什麼樣的情形即屬於哪種狀況，分門別類後再教導遇到這些狀況該怎麼應對。

完成以上課程後，會再進行最後一步，了解各別學員需要幫忙的點，然後結業。結業不是畢業，學員必須回家練習並寫下練習的功課，待完成功課後再交回來給中心，即完成學業，中心才會幫他舉辦畢業典禮。

嚴厲的訓練孕育成功的課程、締造許多圓滿的故事

林執行長在美國受訓一年半，訓練內容非常嚴格且要求很高，當時給予訓練的前輩教誨，回到台灣後沒有人可以幫忙修正，而中心的工作內容是去修正學員，所以技術要非常純熟，林執行長非常感謝當時前輩的諄諄教導才有今天的成就，另外林執行長也喜歡用技術的方式去溝通和處理學生狀態，本身也採取開放的態度讓未來其他有能力的人都可以接替她的工作。

中心在狀況最差的時候，曾經有兩個月的時間沒有發薪水，職員和學員一起煮飯一起吃，但難能可貴的是那段時間大家的感情非常好，也非常感謝那段時間所有人的付出，且那段時間熬過後，

還是有學生戒毒成功想要幫助別人所以留下來當職員，這讓林執行長相當感動。

工作時數長，又剛好懷孕的林執行長回憶當時很擔心自己沒時間照顧女兒，還對著尚在腹中的女兒說「母親沒辦法照顧你，你要當我的小孩要有這個覺悟」，沒想到後來坐月子時女兒哭不到五次，且醒來也不會哭，也會乖乖的在教室的角落自己找地方玩，女兒是由職員跟學生幫忙帶大的，林執行長非常感謝女兒的乖巧能讓她繼續在中心全心全意工作。

期許未來更多熱情助人的人才加入、不怕困難一起學習

林執行長希望未來有更多的職員一起來加入，且想要中心擴展目前的一倍，並期許政府單位開始用政府的力量來解決台灣毒品的事情，並告訴所有要來從事這份工作的人，不要想太多，咬緊牙關，遇到問題就去解決，中心有豐富的經驗及全套的課程可以教育，在台灣這個技術非常成熟。

那可拿戒毒中心｜商業模式圖

 **重要合作**
- 政府單位
- 監獄
- 基金會

 **關鍵服務**
- 戒毒課程

♥ 價值主張
- 妥善且完整的課程安排、重新建構人生。完成一系列的課程，讓學員釋放內心的愧疚並重新建立起對工作、對家人的態度，重新認識社會及建立社會化人格，並幫助更多這類需要被幫助的人。

客戶關係
- 個人協助
- 線上思想推廣

客戶群體
- 對毒品成癮需要戒毒的人

✓ 核心資源
- 美國戒毒技術

渠道通道
- 官網
- 社群網站
- 媒體報導

成本結構
- 人事費用
- 培訓費用
- 場地費用

$ 收益來源
- 戒毒課程收入

✎ TIP
- ※ 救了多少人及多家庭，自己能夠為社會做了多少貢獻，是讓她感到最有成就感的。
- ※ 要來從事這份工作的人，不要想太多，遇到問題就去解決。
- ※ 課程讓學員戒毒成功，也回來中心當職員繼續服務其他需要幫助的。

創業 Q&A

1. 生產與作業管理

主力產品的重點里程碑是什麼？

2015 年時，中心課程改版，從之前資料很多，但都是文字資料，到新版的文字資料變簡單，且有影片輔助學員了解，將完成課程時間從 6-8 個月縮短至 3-4 個月，成功率不變。

2. 行銷管理

公司社群媒體的策略是什麼？

以拍攝成功個案的影片為主打之宣傳，輔以毒品的認識等資訊；在 FB, Youtube 及官網上做宣傳！

磚家藝術工坊

粘錦成
總監

一磚一砌，堅持理念雕鏤夢想與傳承的藍圖—磚家藝術工坊

粘錦成，磚家藝術工坊的總監，亦是國立彰師附工建築科專任教師，為第 32 屆國際技能競賽砌磚職類世界冠軍；為了讓沒落的清水磚獨特之處得到延續，苦思如何將傳統的文化轉變為更有生命力的藝術價值傳承，進一步讓世界看見紅磚文化傳統工藝的美妙之處。

賦予藝術價值的生命力，讓傳統不只是舊文化傳承

磚家藝術工坊的總監——粘老師，同時擔任教育工作者的角色，侃談他對於現今台灣社會環境的一個感觸，沒有市場的技藝，容易使後段學習的人放棄，「沒有市場，技能再好也無用武之地」，粘老師不斷反思，該怎麼做才能在不浪費教育資源之下，亦可將文化傳承，時刻秉持為老師的初心，發願要將最好的技能、最棒的技術、文化延伸散佈。

在過去，紅磚是台灣的建築素材的特色，不過耐震的考量下，並無法延續當作時下建築的主結構，但紅磚還是能夠賦予生命力、提升藝術的價值，而如何將工法修正，加入更多創新概念，使得「紅磚」藝術化，將最好的文化留根台灣，並發揚光大。

「藝術砌磚」—傳統的延伸，藝術的蛻變

早期的砌磚文化中有個陳舊的技術，粘老師通常稱它為「清水磚」，是一門與市場區隔將近 30 年的產業，基於現代建築考量因素——耐震的條件下，傳統的清水磚砌成的建築至今已陸續淘汰，只能在古蹟或偏鄉地帶尋到清水磚構成的建築，若期盼將產業活化，讓文化延續，粘老師提出可將藝術融合在砌磚裡，創造一個獨立商品也就是品牌的建立，然而關鍵之處亦是最難以達到的標準，必須與市場做出區隔。粘老師在砌磚加入巧思，將金屬植入砌磚，讓砌磚更具延展性，達到大震不倒、中震可修、小震不壞的效果，並增加砌磚的藝術價值。他認為清水磚不應該只有一種樣貌，應能展現多變、多元、沒有局限的特性。因此它不再是一塊普通的紅色磚頭，而是在紅色牆面上幻化出翅膀成為七隻鳥翔翔，同時顯現鄉野農夫在田野間穿梭樸實的樣貌；它也可以是乾淨純粹像巧克力般乳白色的樣貌。

粘老師認為「在我們感受中的紅磚，多用些心、多用些巧思，紅磚也能擁有 72 變的能力，創造出古樸、多元化的好作品。」，72 種變化——樣樣都是藝術價值的體現。粘老師用了十八年的青春歲月，苦守著讓磚塊生根，更創造藝術砌磚嶄新的價值；同時，粘老師也培養出一群專業的團隊，團隊中各個臥虎藏龍，每位人才皆歷經比賽的洗禮，脫穎而出成為國家代表選手，時刻都在落實文化的傳承。

紅磚文化要立足台灣、名揚天下

粘老師認為，他現下所努力的文化傳承，是在落實有尊嚴的藝術，為了讓這門技藝開花結果，前面所做都是為了播種，回顧粘老師在這行業的十幾年經驗，雖然在建築行業中還是屬於小眾，但為了使後代子孫們能體會到紅磚文化的美妙之處，首要任務即是讓粘老師的作品隨處可見，曝光團隊作品至各縣市、鄉鎮，拓展市場的能見度。

另外，粘老師期望立足台灣、名揚世界，將藝術品輸出至國外，讓外國人也能欣賞到台灣紅磚文化的美，不過要將藝術砌磚輸出至外國也不是件容易的事，砌磚除了需搭建鷹架外，更需將整個團隊移至現場執行作業，當中所耗費的時間成本甚巨，但透過粘老師介紹的預鑄工法，便可輕而易舉完成這龐大的工程；首先，在國內將砌磚各部位拼裝好，經過精細的包裝再海運至國外，並委任一兩名專業人士現場指導組裝，兩個月內便可完工，節省半年以上的時間成本，使潛在風險降低，名揚世界的成功率自然就提高了。

最後，粘老師持續規畫，期盼能建立自我品牌，將最好的文化底蘊留在自己的團隊，打造出屬於自己的建築。粘老師認為團隊是建築的裁縫師，他的工作就是幫建築物套上屬於它獨一無二的衣服，這件衣服不一定要雍容華貴，但一定要得體、美麗，粘老師團隊有著專業的技術、巧妙的技能，

何不用來打造屬於自己的的品牌款式、建築自己的機構，促使團隊有更大發揮的空間。

傳承是漫長的路，但堅持下去是我的職責

「人生一連串的挑戰與成長，過程不是比誰走得快，而是走得遠」粘老師在從事創作的生涯中，用了 5 年的時間準備世界冠軍，用了 18 年底蘊熬到現在的成就，你說他走得慢嗎？其實不然，但粘老師是一位務實的人，堅持完成一個專屬品牌，因為他深信，他的未來是光明、可期許的，所以他必須堅持到最後一刻。

新世代的年輕人有個盲點，凡事求快，但粘老師有著不同的觀點，在這個行業並非比速度，而是看誰堅持的久，只有那個永不放棄的人才會是最後贏家。「正如鍥而不捨，金石可鏤。對於理想的企圖心才是最終原動力。」

磚家藝術工坊 ︱ 商業模式圖

 重要合作

· Secret

 關鍵服務

· Secret

價值主張

· Secret

客戶關係

· Secret

客戶群體

· Secret

核心資源

· Secret

渠道通道

· Secret

成本結構

· Secret

收益來源

· Secret

TIP

※ 在我們感受中的紅磚，
多用些心、多用些巧
思，紅磚也能擁有 72
變的能力，創造出古
樸、多元化的好作品。

※ 人生一連串的挑戰與成
長，過程不是比誰走得
快，而是走得遠

創業 Q&A

我獨創角業，
UNI　ORN
UNI　ORN
UNI　ORN
UNI　ORN

磚家藝術工坊

LIVE

FB：磚家藝術工坊

老專家
愛閃耀植萃抗

iShine
植萃抗老專家
愛飛翔團隊 小伊

方佑心 FANG,YU-HSIN
代理人

跨出舒適圈、掌握人生—愛閃耀最高創始代理人

方佑心，愛閃耀植萃抗老專家的最高創始代理人，從小是父母的掌上明珠，婚後也受丈夫細心呵護，笑著說自己就算婚後也不曾離開家鄉 - 台南，然而，一次家庭的意外讓佑心不得不跨出舒適圈，毅然決然踏入愛閃耀事業，堅定、努力學習的佑心，短短七個月就來到最高創始代理人位階。

勇敢面對、掌握人生

身為愛閃耀植萃抗老專家的最高創始代理人 - 方佑心，坦言過去因為嫌麻煩，不熱衷於皮膚保養，在某次接送小孩放學的途中，孩子脫口而出稱讚別人的媽媽漂亮，使佑心下定決心開始研究保養，期望成為孩子口中漂亮的媽媽。曾經嘗試過醫美品牌，也嘗試過要價不斐的專櫃保養品，不斷的嘗試卻只得到「貴，不一定有效」的使用感想。也因自己的膚質較敏感、特殊，患有脂漏性皮膚炎，膚況時好時壞，嚴重時會紅腫、發癢，需要長期定時擦藥、吃藥。在一次偶然的機會下，接觸到愛閃耀的保養品，長期難解的鼻翼脫皮居然獲得改善，

連家人都察覺佑心膚質的進步，這讓她開始學習、研究愛閃耀產品成分，發現愛閃耀成分單純、天然，使用不到一罐即有感，不需要瓶瓶罐罐，也能輕鬆呵護肌膚，價格也比過去使用的醫美、專櫃來得平易近人，效果更是大幅勝出。

讓佑心全心投入愛閃耀事業的原因，除了來自親身體驗後對產品的信任，也與自我價值認同有關。從小佑心在父母的呵護下長大，爸媽對待女兒視同掌上明珠一般的疼愛，從未離開過台南家鄉的佑心，長大後，很幸運地遇到長相廝守的對象，在先生無微不至的照顧下，佑心坦承對先生形成依賴，丈夫是生活中的

支柱、重心。

看似穩定、美滿的婚後生活，偶然一次娘家的劇烈意外，佑心突然背負多達兩百多萬的負債，突如其來的債務讓佑心十分掙扎、痛苦，所幸丈夫鼓勵

她：「既然遇到了就去面對，既然沒有退路就往前」這句話點醒了佑心：「我要成為孩子的榜樣！」佑心接下債務，突破過去的舒適圈，毅然決然投入愛閃耀植萃。

誠信、正直、善良

佑心對愛閃耀的信任感，原因之一來自愛閃耀董事長的創業經歷，董事長小時候家境清寒，辛苦的成長環境，讓董事長意識到金錢議題

如何影響一個家庭的和諧，許多夫妻吵架的原因大多來自賺錢不易，感情不和睦就會影響到孩子成長。董事長應用二十年的代工經驗，打造出不輸專櫃品質的保養品，讓「變美」這件事變得容易、親民，再將行銷模式開放大中小盤批發模式，大方讓利給代理商，讓許多擁有創業夢的人也能輕鬆打造自己的事業，幫助像佑心這樣的媽媽，也能擁有經濟獨立的能力，減輕家中的經濟負擔、促進家庭和諧。

「好的產品，自己會說話。」除了分享親身使用後的感想，更讓人信服的是來自客戶自身的真實體驗，不須為產品美言，使用後的有感經驗，對產品是最好的代言。佑心透過愛閃耀提升了客戶的膚況、解決睡眠問題，改善排便狀況，曾經有一個皮膚敏感的客人回饋，過去只使用專櫃品牌，試用愛閃耀後，不到一個禮拜，皮膚保水度提升有感，不須擦化妝品即有提亮效果，沒有想到台灣也能做出這麼厲害的保養品！佑心回應：好的保養品，原料不能是化學添加物，愛閃耀成分萃取自天然植萃，也不因價格犧牲品質，就是這樣的實在，讓愛閃耀擁有許多忠實使用者。

秉持著愛閃耀誠信、正直、善良的品牌理念，佑心對待每一位客人像對待自己的朋友，不用「銷售」去解決客人難題，而是透過真誠分享，提供客戶一個改變膚質、改變人生的機會，佑心感觸的說，以前都以為只有變得有錢、有成就，才有能力幫助他人，來到愛閃耀創業平台，透過這份簡單的事業竟然就能幫助並影響女人的一生。

人生目標新起點

讓佑心在愛閃耀持續的動力，很大部分是來自解決客戶問題的成就感。佑心的媽媽長期腸胃狀態不佳，胃口不好、吃不下，導致飲食不均衡，也影響到排便功能，甚至有過長達二十三天無法順暢排便的困擾，後來使用了佑心的推薦產品，解決長年來的腸胃問題，媽媽回饋：「很久沒有這種輕鬆感了！」看到媽媽身體有如此大的改善，讓佑心更堅信、更努力在愛閃耀事業投注心力。

解決家人的問題，也幫助身邊的友人，這份事業不只助人也助己，佑心非常感激愛閃耀給她一個舞台，雖然起初剛踏入這個新環境，不是最厲害、也不是天生就會銷售的人才，但愛閃耀完善的教育訓練，讓佑心在這裡感覺到不是獨自奮戰，和夥伴一起努力、團隊互相加油打氣，佑心僅僅花七個月的時間，在愛閃耀的位階即爬升到最高創始代理人，並且達到今年七月份買房子的夢想，「選擇比努力更重要！」佑心感謝當初的自己，選擇了愛閃耀做為人生目標的新起點，做回自己生命的主人。

愛閃耀植萃抗老專家｜商業模式圖

重要合作
· 與素人的加盟創業系統

關鍵服務
· 保健食品
· 美容產品

價值主張
· 透過加批發、培訓，人人可以在這裡發展事業、做自己的老闆。

客戶關係
· 創業夥伴

客戶群體
· 任何對身體保健美容有興趣的客戶
· 二度就業
· 想多一份收入的人

核心資源
· 創辦人過去的代工經驗

渠道通道
· 實體空間
· 官方網站
· 媒體報導
· Line@

成本結構
· 簡單批發大中小盤概念，不需要其他人事或營銷成本，只要有一支手機就可以，甚至不需店面。

收益來源
· 買賣賺價差
· 公司營運分紅
· 推薦獎勵
· 尾牙福利
· 輔助領導獎金

TIP
※ 眼裡有光，心裡有愛，口袋有錢，一起做孩子最好的榜樣，你真的可以。
※ 不做不改變，永遠只能是觀眾，我們的人生自己創造。
※ 媽媽更應該做自己，女人都擁有賺錢的能力，手心向下的機會。

創業 Q&A

1. 行銷管理

從客戶第一次接觸到成交，一段典型的銷售循環是什麼樣子？
首先，當我們接到諮詢的時候，無論是網路或實體的朋友，都會
先溝通了解他們目前的需求及想要的目標，確認雙方都有共識之
後，接下來開始說明公司文化以及團隊的信念及方向，並且接下
來如何上手以及ＳＯＰ，並且成為永續的夥伴，會幫助他解決所
有客戶的異議問題，也會更提升個人的能力，這樣的循環並非一
次性的賣貨服務。

2. 研究發展管理

目前該服務的獲利模式為何？
我們的販售通路是要經過公司審核是合法代理商通路才能夠購買
的到，在報章雜誌電視上都看得到我們的品牌露出，品牌創辦人
因小時候家庭因素影響，希望能夠讓更多二度就業的媽媽小額創
業，能夠更容易地兼顧家庭與生活，並且能夠容易的學習和成長，
我們的產品是這樣才能夠真正做好服務，我們也堅信好的產品與
良善的人會被看見。的販售通路是要經過公司審核是合法。

3. 財務管理

目前該服務的獲利模式為何？
保養保健品的市場越來越大，我們是批發方式以量制價，就像五
分埔的衣服，大盤商批 100 件分銷給中盤商、小盤商的概念，賺
中間的差價，利潤的空間完全取決於批量，19000 就能開始一份
事業，把日常消費、天天都要用都要買都要買的東西變成自己的
事業機會，並且制度非常簡單透明；疫情之後轉變成許多的線上
課程，提供代理商學習，是一個非常友善的平台。

愛閃耀植萃抗老專家

我獨角
創業，
UNIKORN
UNIKORN
UNIKORN
UNIKORN

LIVE

官網：裕農振發
FB：方佑心（小伊）
台南市東區裕農路 777 號

水酉卒貿易有限公司

2000 年 9 月 第一次因旅遊而踏上日本、2008 年 3 月 人生中的第一次長假在日本、2012 年 4 月進入旅遊業並與日本酒結緣、2015 年 3 月 接觸日本酒的世界、2016 年 4 月 開始從事日本酒推廣活動、2017 年 4 月 代理愛知縣柴田酒造場所生產的銘柄「孝之司」「众」、2018 年 12 月 引進向井酒造所生產的銘柄「伊根滿開」、2019 年 9 月 引進元帥 (元帥酒造)、安東水軍 (尾崎酒造)、夢航海 (忠孝酒造) 等銘柄、2021 年 1 月 引進紫粹、太久保、侍士之門、杜之妖精、Red Risk(太久保酒造) 等銘柄，同年 3 月引進ケトハレ、社長的酒、部長之寶、帝松 (松岡釀造)、梅丈檸檬草梅酒 (ECO Farm)、曾我梅林梅酒 (石井釀造) 等銘柄。秉持著「帶給在台灣也能喝到如同日本當地一樣品質的日本酒」的心，將日本各地的日本酒呈現在台灣消費者的面前。

宇禾牙體技術所

宇禾牙體技術所 (Yu He Dentallab) 秉持職人的匠心精神，致力於打造美學與高品質的擬真牙齒。我們專精於固定義齒領域，提供 BPR 嵌體、前牙美學、DSD 診斷蠟型、手術導引板等專業服務。也有透過數位設計和 3D 列印數位模型，我們精準呈現每一顆牙齒的完美細節。以堅實的技術和經驗，宇禾致力於滿足客戶對於固定義齒的需求，提供最優質的牙科解決方案。我們以客戶滿意為最高目標，為您帶來自信完美的笑容！

Ligne Roset 法國精品家具

在法國，有種美麗叫蘭蔻，有種時尚叫香奈兒，有種設計叫 Ligne Roset。創立於 1860 年，經過 160 多年的淬鍊，Ligne Roset 儼然成為法國時尚精品家具代名詞。融合當代經典與現代創意，品牌遍布全球共 750 個銷售據點，每年與超過 70 組設計師合作推出商品，時尚風格與舒適兼具的傢俱，包括沙發、餐桌椅、床組、燈飾、地毯、傢飾品和花器等，滿足您一站式家居購物體驗服務。

泰之初

泰之初本身以服務客人為初心，秉持己所不欲 勿施於人用料實在不馬虎！讓台灣人不用出國就能享用到泰國道地且當紅的料理，並把泰國有的台灣沒有的料理帶回。台灣特色斑斕雞鐵鍋飯「國民鐵鍋蛋」這個在泰國很常見也很有特色，但台灣始終看不到有人料理。加上裝潢以南洋風木頭系列古色古香搭配茅草木刻招牌，整體裝潢「東南亞風格」讓人過目難忘～享受初之泰幸福～～

灰房子義式餐廳

灰房子是位於中友商圈跟中國醫交錯地帶的小巷子內、看似熱鬧 卻帶著悠閒！店裡餐點提供義式料理跟薄皮披薩！ 店裡氛圍帶著輕鬆的氣息、也是寵物友善店家、希望可以為有養毛小孩的客人、提供友好的用餐環境氛圍！無論平假日下午都是沒有休息的、不管下午幾點起床都可以享用好吃的餐點！

GrayRoom 灰房間 | 畫畫咖啡廳

GrayRoom 灰房間主要是咖啡廳結合畫畫空間。

希望從咖啡廳這個人人都能輕易進入的空間，讓大眾可以近距離看到作畫過程或是畫作本身，進而產生興趣，另一個角度也是希望畫畫的人擺脫以往畫室較為嚴肅的氛圍，用一種很輕鬆、來玩樂的心情來觸碰繪畫這件事情。簡單地說，是用平易近人的咖啡廳、漸進式將藝術融入桃園在地，進而提升桃園整體的藝文涵養。畫畫部分，店內提供線稿，簡易繪畫教學，零經驗無基礎完全不用擔心，只要抱著玩樂的心情來作畫，即可將作品帶回家。飲品餐食主打點心為可頌鬆餅，外脆內軟的口感有別於一般對鬆餅的既定印象，店內的其他甜點都是親手製作，一人份的尺寸剛好能解饞、不怕吃不完。因為時常會有親子活動，因此店內用到的藍莓、草莓果醬也都是手工熬煮，無任何添加物，超天然，可以吃得很安心。

原點空間設計工作室

生命，就是不斷打破框架去尋找生活。

來自生活的起點「原點」，原始而純粹，質樸而自然，一生之際在於勤，支持勤又莫過於休憩，如此以「家」為本為核心出發，打造獨特起居便成為原點的中心思想。

專業的空間規劃與設計團隊，以多元創意實踐，編織能夠觸摸的溫度與感受，讓家的溫暖體現，自我特色具現，傳達慢活理念並延續空間獨特韻味為初衷。

韓家韓式料理

在台灣奮鬥打拼的老闆因想念家鄉媽媽的味道，發現還有很多跟他一樣的韓國人，所以決定將媽媽的手藝帶到台灣，解解大家鄉愁～來到韓家就會想起韓國家裡那媽媽的味道。

森美學牙科診所

發於德 精於工 勤於侍 究於質 口碑為木 蔚然成森

森集團以鋪設牙科服務建立醫療生態圈為主軸,打造一條龍無縫接軌的醫療服務。我們希望病患在接受舒適 安心 無痛的專業治療之餘,可以有更完整的術後保養計畫。因此,我們除了引進安適準手機導航系統、顯微鏡、電子減痛麻醉儀、笑氣鎮定、舒眠麻醉,高科技手術燈,確保手術過程更精準、無痛。在術後更提供高壓氧加速修復傷口,讓口腔治療再也不是最令人害怕的夢魘。

日造酒妝

自嘉義的日造酒妝,從 2019 年起就是世界金牌的常勝軍,梅酒系列包括經典梅酒、柚子梅酒、檸檬梅酒、炭燒梅酒、胭脂梅酒、香檬梅酒以及百香果梅酒,連續四年全都榮獲食品米其林肯定殊榮。堅持使用台灣最好的水果,並以創新技術保留百年釀造精湛工藝,成為台灣梅酒第一品牌,也讓梅酒系列成為最受世界注目的台灣果釀之光。

關於這本書的誕生

我們邀請到「我創業我獨角」的總監 Bella 及專案執行 Andy 來訪談這次書籍的起源，以及未來獨角傳媒的走向。
Andy 以下簡稱 (A)，Bella 簡稱 (B)，採訪編輯 Flora 簡稱 (F)

F: 爲什麼會想做獨角傳媒？

A: 我們創辦享時空間，以共享的概念做爲發想，期望能創立讓創 業家舒適的環境，也想翻轉傳統對於辦公室租借封閉和沉悶的印象。 而獨角傳媒是以未來可以獨立運行爲前提的一個新創事業群。

B: 進駐空間的客戶以創業者和個人工作室爲主，我們發現有許多 優秀的企業家，他們的故事都很值得被看見，很多企業的商品、服 務以及他們的創立初衷都很精采。中小企業是台灣經濟的支柱，有很多優秀的新創團隊也正在萌芽，獨角傳媒事業群因此而誕生。

A: 就像 Bella 說的，目前傳統媒體看到的都是大型企業甚是上市櫃公司企業家的報導，但在那之前每一家初創企業從 0 到 1 到 100 看到的更是精實創業的創業家精神，而獨角的創業家精神，就是讓每一位正走在 0 到 1 到 100 階段的創業家，都能成爲新媒體的主角，也正如我們創辦享時空間的初衷就是讓創業者可以幫助創業者。

B: Andy 就像是船長一樣，會帶領我們應該要去的方向，這讓我們很有安心感也清晰自己的目標我們要協助台灣創造出更多的企業獨角獸。

F: 爲何會以出版業爲主？在許多人認爲這已經是夕陽產業的這個時期？

A: 我們認爲書籍的優勢現在還不容易被其他媒材取代、專業度、信任感以及長尾效應，喜歡翻開紙本書籍的人也大有人在，市面上也確實有各種類的創業書籍持續在出版，因此我們認爲前景相當可行。

B: 因爲夕陽無限好 (笑)，就如同 Andy 哥所說，書籍的優勢和書本特有的溫度，其實看書的人不如想像中的少，爲了與時俱進，我們同步以電子書和紙本書籍在誠品金石堂等通路上架，包含製作了網站預購頁面，還有線上直播，整合線上線下的優勢，希望以更多元的型態，將價值呈現給大家。

F: 做了業界唯一直播創業故事，這個發想怎麼來的？

A: 先把價值做到，客戶來到空間受訪，感受到我們對採訪的用心和專業，以及這本書籍的價值和未來預期的收穫讓企業家親自感受。

B: 過程的演變當然是循序漸進的，一開始的模式跟現在完全不同！經過一次又一次的修改，發現像廣播室或是帶狀節目的型態 很適合我們想傳達的內容，因此才有這樣的創業心路歷程的企業專訪。

F: 過程中有遇到什麼困難？

A: 一開始也會有質疑聲浪，也嘗試了很多種方法，過程需要快速調整。但我們仍有信心獨角傳媒會變得越來越強大，獨角聚也是我們很期待的商業聚會，企業家們能夠從中找到能夠合作的對象，或有更多擴展自己事業版圖的機會。

B: 書籍的籌備需要企業家共同協助這過程很不容易，每個人都是很重要的，因爲業界有許多不同型態的創業書籍，做全新的模式，許多人一開始不瞭解會誤解我們，透過不斷的調整，希望能跳脫過去大家對於書籍廣告認購模式的想法。

F: 希望透過這件事情，傳遞什麼訊息？

A: 讓對於創業有熱情有想法的年輕人可以獲得更多資源協助。 也能夠讓更多人瞭解商業模式的架構與內容。

B: 提供不同面向的價值，像是我們與環保團體合作爲地球盡一 份心力，想告訴讀者獨角這家企業出版的成品除了分享，還有提 高的附加價值。台灣有很多很棒的企業故事，企業的前期很需要被看見的機會，因此我們創造這樣的平台協助他們。以消費者的角度，我們也希望購買書籍的人能夠透過這些故事得到更多啟發和刺激，有新的創意發想，幫助想創業的朋友少走一些冤枉路。

F: 那對於我創業我獨角的系列書籍，有甚麼樣的期許呢？

A: 成爲穩定出版的刊物，未來一個月一本的方式，期待計畫做到訂閱制的期刊。

B: 一定要不斷的進化，每一次都要做得比之前更好，目前我們已經專訪超過上千家企業，並以指數成長，當大家更認識獨角傳媒和「我創業，我獨角」系列書籍，就可以更有影響力，讓更多有價值的內容透過獨角傳媒發光發熱。

UBC 獨角聚
UNIKORN BUSINESS CLUB
不是獨角不聚頭　最佳的商業夥伴盡在 UBC

台灣在首次發布的「國家創業環境指數」排名全球第 4, 表現相當優 異, 代表台灣的新創能力相當具有競爭力, 我們應該對自己更有信 心。當看見國家新創品牌 Startup Island TAIWAN 誕生, 透過政府 與民間共同攜手合作, 將國家新創品牌推向全球的同時, 我們也同樣在民間投入了推動力量, 促成 Next Taiwan Startup 媒體品牌, 除

了透過『我創業我獨角』系列書籍, 將台灣創業的故事記錄下來, 我們更進一步催生了『UBC 獨角聚商務俱樂部』, 透過每一期的新 書發表會的同時, 讓每一期收錄創業故事的創業家們可以齊聚一堂, 除了一起見證書籍上市的喜悅外, 也能讓所有的企業主能夠透過彼此的交流, 激盪出不同的合作契機, 未來每一期的新書發表, 也代表

每 一場獨角聚的商機, 相信不是獨角不聚頭, 最佳的商業夥伴盡在獨角聚, 未來讓我們一期一會, 從台灣攜手走向全世界。

Next Taiwan Startup 品牌故事與願景

「獨角傳媒以紀錄、分享各大行業的奮鬥史為企業使命，每一季遴選 200 家具有潛力的企業品牌參與創業故事專訪報導，提供創業家一個立足台灣、放眼全球的新媒體平台，希望將台灣品牌推向全球，協助創業家站上國際舞台。截至 2021 年 9 月，歷時四個季度，已遴選累積近 1000 位台灣創業家完成企業專訪，將企業的創業故事及心路歷程，透過新媒體推送至全球各大主流影音媒體平台，讓國際看見台灣人拼搏努力的創業家精神。

獨角傳媒總監 羅芷羚表示：「近期政府爲強化臺灣新創的國際知名度，國家發展委員會了透過『我創業我獨角』系列書籍，將台灣創業的故事記錄下來，我們更進一步催生了『UBC 獨角聚商務俱樂部』，透過每一期的新書發表會的同時，讓每一期收錄創業故事的創業家們可以齊聚一堂，除了一起見證書籍上市的喜悅外，也能讓所有的企業主能夠透過彼此的交流，激盪出不同的合作契機，未來每一期的新書發表，也代表每一場獨角聚的商機，相信不是獨角不聚頭，最佳的商業夥伴盡在獨角聚，未來讓我們一期一會，從台灣攜手走向全世界。國發會）在國家新創品牌 Startup Island TAIWAN 的基礎上，進一步推動 NEXT BIG 新創明日之星計畫，經由新創社群及業界領袖共同推薦 9 家指標型新創成爲 NEXT BIG 典範代表，讓國際看到我國源源不絕的創業能量，帶動臺灣以 Startup Island TAIWAN 之姿站世界舞台。」獨角傳媒總監羅芷羚補充：「全台企業有 98% 是由中小企業所組成的，除了政府努力推動領頭企業躍身國際外，我們是不是也能爲台灣在地企業做出貢獻，有鑒於在台創業失敗率極高，如果政府和民間共同攜手努力，相信能幫助更多台灣的創業家多走一哩路。」因而打造全新一季的台灣在地企業專訪媒體形象「NEXT TAIWAN STARTUP」，盼能透過百位線上專訪主播的計劃，發掘更多台灣在地的創業故事紀錄並透過此計畫，分享更多台灣百年的企業品牌的創業經驗傳承。獨角以爲專訪並非大型或領先企業的專利，「NEXT TAIWAN STARTUP」媒體形象，代表是台灣在地的創業家精神，無關品牌新舊大小，無論時代如何，會有一位又一位的台灣創業家，以初心出發力讓這個世界變得更好，而每一個創業家的起心動念都值得被更多人看見。

一書一樹簡介

One Book One Tree 你買一本書 我種一棵樹

爲什麼要推動一書一樹計畫？文化出版與地球環境是共生的，你知道嗎？在台灣大家都習慣在有折扣條件下購買書籍，有很多實體書店和出版社，正逐漸在消失中！

UniKorn 正推動 ONE BOOK ONE TREE

一書一樹計畫 - 你買一本原價書，我爲你種一棵樹。我們鼓勵您透過買原價書來支持書店和出版社，我們也邀請更多書店和出版社一起加入這個計畫。

我們的合作夥伴 "One Tree Planted" 是國際非營利綠色慈善組織，致力於全球的造林事業。One Tree Planted 的造林目的是在重建受自然災害和森林砍伐的森林。這不僅有益於大自然和全球氣溫， 還改善因自然災禍受到牽連地區的生態環境。

爲什麼選擇植樹造林？

改善氣候變遷和減低碳排放量的最佳方法之一就是植樹。一顆普通熟齡的樹木，每年能夠阻隔 48 磅碳。隨著全球森林繼續的砍伐和破壞，我們的植樹造林計畫，將會爲我們淨化未來幾年的空氣，讓我們能繼續安心的呼吸新鮮空氣。

每預購 1 本原價書，我們就為你在地球種 1 棵樹。

一本書，可以種下一粒夢想 一顆樹，可以開始一片森林

立即預購支持愛地球

ONETREEPLANTED
https://onetreeplanted.org

總監：羅芷羚 / Bella
職場多工高核心處理器功能 /
喜歡旅遊跟傳遞美好的事物
大到公司決策，小到心靈 溝通，挑戰人生
實現夢想。「你們要先求他的國和他的義，
這些東西都要加給你們了。」(Matt 6:33)

專案執行：廖俊愷 / Andy Liao
連續創業尚未出場 / 創業 15 年 /
奉行精實創業法 / 愛畫商業模式圖
鼓勵每個人一生都要創業一次，夢想 10 年
後和女兒 NiNi 一起創業。「我靠著那加給
我力量的，凡事都能做。」(Phil 4:13)

IT 部門：李孟蓉 / Gina
被說奇怪會很開心的水瓶座
將創業家的故事以流行的直播方式作為
曝光並以各種影音形式上傳至各大平台，
將各個創業心路歷程及品牌向全世界宣傳。
(心聲：整天關注並求點閱率提高)

採訪編輯：吳沛彤 / Penny
喜歡冥想，覺得人生就是一場修行，
裹著年輕軀殼的老靈魂
開發各種產業並找到企業的特色與價值，
每天都在發想如何幫助企業主結合群眾。

文字編輯：蔡孟璇 / Lamber
生活就是球賽 / 歐巴 / 跟一坨貓
上班是文字編輯的雜事處理器，下班不是在
玩貓貓就是在被貓貓玩，薪水不是花掉了而
是在貓肚子裡ヽ(ﾟｰﾟ*)ﾉ

特約文字編輯：廖怡亭 / Kerry
追逐自由自在生活
用文字紀錄追逐夢想與生活溫度，
透過分享讓更多知道他人的創業歷
程與成功心法。

採訪規劃師：翁若琦 / Lisa
標準哈日族
希望可以透過工作，邀來自己本身也很
喜歡的公司或是工作室來到公司分享他
們的故事，讓更多人認識他們。

採訪規劃師：吳淑惠 /Sandy
喜歡美的事物 & 品嚐美食
工作上自我要求完美（尤其是績效）為企
業主規劃提供專屬的購書計劃以及專業的
行銷網路宣傳。

採訪編輯：賴薇聿 /Kelly
喜歡花喜歡花語的巨蟹座
邀約企業主跟開放不一樣的客戶，希望
他們在這邊都能在這邊順利完成採訪，
也喜歡和客戶聊聊天。

特約文字編輯：蘇翰揚 / kevin
熱愛科技的產業分析師
透過訪談，來了解中小微型業者在經營上
遇到的挑戰與突破困境的策略，將更多成
功案例讓其他人參考。

特約文字編輯：許小芬 /Sera
旅遊美食家
藉由多位創業者分享他們的創業過程及
甘苦談，也讓我得到很多人生啟發，以
及得到更多寶貴的資訊。

特約文字編輯：劉妍綸 / Lena
崇尚當下、即時行樂者
每位創業主的經驗、故事都是獨一無二
的，謝謝獨角讓我有機會、參與分享這
些主角們的生命故事。

獨角主播
Yumi

獨角主播
Amy

獨角主播
美雯

獨角主播
Aaron

獨角主播
大金

獨角主播
Jolie

獨角主播
Erin

獨角主播
Joe

獨角主播
玉馨

獨角主播
Eason

獨角主播
雅雯

獨角主播
雅雯

獨角主播
Angie

獨角主播
小喵

獨角主播
潘潘

獨角主播
Chris

獨角主播
白白

獨角主播
吉慶

獨角主播
尹齡

獨角主播
Taru

獨角主播
Ace

獨角主播
Ysann

獨角主播
Wendy

獨角主播
Vivi

精實創業 - 用小實驗玩出大事業 The Lean Startup / 設計一門好生意 / 一個人的獲利模式 / 獲利團隊 / 獲利時代 - 自己動手畫出妳的商業模式

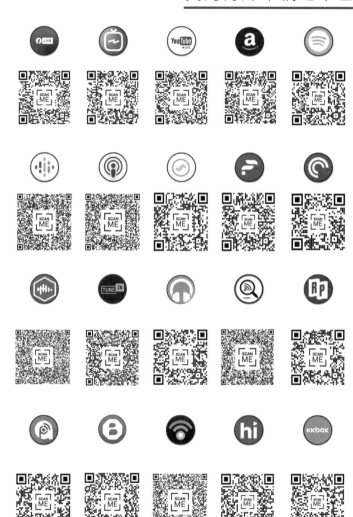

我創業，我獨角 no. 6

#精實創業全紀錄，商業模式全攻略 ──────○

UNIKORN Startup ⑥

國家圖書館出版品預行編目(CIP)資料

我創業，我獨角 . no.6：#精實創業全紀錄，商業模式全攻略
= UNIKORN startup. 6/羅芷羚(Bella Luo) 作. -- 初版. --
臺中市：獨角文化出版：獨角傳媒國際有限公司發行，
2024.01
面；公分
ISBN 978-986-99756-9-8(平裝)
1. CST：創業 2. CST：企業經營 3. CST：商業管理
4. CST：策略規劃

494.1 112021361

作者—獨角文化 - 羅芷羚 Bella Luo

系列書籍專案執行—廖俊愷 Andy Liao

採訪規劃—吳淑惠 Sandy、翁若琦 Lisa、
吳沛彤 Penny、賴薇聿 Kelly

採訪編輯—吳沛彤 Penny、賴薇聿 Kelly

獨角主播— Yumi、Amy、美雯、Aaron、
大金、Jolie、 Erin、 Joe、 玉馨
、Eason、雅雯、 Angie、小喵、
潘潘、Chris、白白、吉慶、尹齡
、Taru 、 Ysann、 Wendy、Vivi

文字編輯—蔡孟璇 Lamber

特約文字編輯—詹欣怡Bellisa、劉妍綸 Lena、廖怡亭 Kerry

美術設計—薛羽棠 Genie

特約美編—詹蕓凌 Phia

影音媒體—李孟蓉 Gina

監製—羅芷羚 Bella Luo

出版—獨角文化

發行—獨角傳媒國際有限公司
台中市西屯區市政路402號5樓之6

發行人—羅芷羚 Bella Luo

電話—(04)3707-7353

e-mail—hi@unikorn.cc

法律顧問—閰維浩律師事務所

著作權顧問—閰維浩律師

總經銷—白象文化事業有限公司

指導贊助—特別感謝 中華民國文化部

製版印刷 初版1刷　2024年01月初版